薬学生のための
生物統計学入門

山村重雄　松林哲夫　瀧澤 毅 ［著］

TECOM

執 筆 者 一 覧

山 村 重 雄	城西国際大学薬学部
松 林 哲 夫	昭和薬科大学
瀧 澤 　 毅	千葉科学大学薬学部

(2009 年 9 月 30 日現在，配列は執筆順)

● は じ め に

　本書は，薬学教育モデル・コアカリキュラム「C 17 医薬品の開発と生産　(5) バイオスタティスティクス」の教科書として執筆したものである．
　バイオスタティスティクス Biostatistics は生物統計学と訳されるが，コアカリキュラムでは『生物統計の基礎』と『臨床への応用』を含み，薬学研究者の実験データの解析や薬剤師の医薬品の適正使用に関する情報の評価に際して必要となる生物統計学の知識・技能の習得を目的としている．

　医薬品の適正使用に関する情報の中で，有効性や安全性の情報は不確実性の高いものである．同じ薬物で治療しても効く患者と効かない患者がいる．副作用が発現する患者もしない患者もいる．このため薬物治療の評価は統計的に行う．コアカリキュラムの C 15 薬物治療に役立つ情報　(1)　医薬品情報　『EBM』においても　薬剤師が医薬品情報を統計的に評価できるように　到達目標が設定されている．

　医薬品の添付文書には有効率や副作用発現率，相対リスク減少率，絶対リスク減少率，オッズ比などその薬物治療の有効性や安全性を示す数値が記載されている．その数値を無批判に受け取るのではなく，その根拠となる臨床試験の実験デザイン，症例数，対象患者集団の特性を批判的に吟味し，数値の信頼性，患者への適用性を評価できることが必要である．

　一方，薬学部学生の高校までの確率・統計の履修状況をみると，数学 A の『場合の数と確率』にとどまっており，数学 B の『統計とコンピュータ』，数学 C の『確率と確率分布』，『統計処理』はほとんど履修されていない．そのため本書の前半にはその部分を含めている．

　平成 20 年から始まった小中高の数学学習指導要領の改訂では『資料の活用』として日常生活や社会における不確実な事象を確率・統計を用いて解決し説明することが重要視されている．本書においてもその考えかたに沿い，薬学研究者や薬剤師が遭遇する薬物治療の有効性・安全性といった不確実な事象に確率・統計の知識と技能を活用できる力を育てる教科書としたいという思いで執筆した．

2009 年 9 月 30 日　　　　　　　　　　　　　　　　　　　　著者一同

●目　　　次

I　生物統計学の基礎　*1*

1　データの整理…山村重雄 …………………………………………………………… *2*
　1.1　データの種類　*2*

2　データの特徴の把握…山村重雄 …………………………………………………… *3*
　2.1　一変量の場合　*3*
　2.2　二変量の場合　*3*
　　2.2.1　量的変数と量的変数の関係　*3*
　　2.2.2　質的変数と量的変数の関係　*4*
　　2.2.3　質的変数と質的変数の関係　*4*

3　データの分布と特性値…山村重雄 ………………………………………………… *5*
　3.1　データの分布を代表する値　*5*
　　3.1.1　平均値　*5*
　　3.1.2　中央値（メジアン）　*6*
　　3.1.3　最頻値（モード）　*6*
　　3.1.4　平均値，中央値と最頻値の関係　*6*
　3.2　データの広がりを示す指標（分散，標準偏差，変動係数）　*7*
　　3.2.1　分散と標準偏差　*7*
　　3.2.2　変動係数　*8*
　3.3　箱ひげ図　*9*
　演習：分析ツールのインストール，基本統計量の読み方　*10*
　Topic：対数変換によるデータの正規化　*13*

II　推測統計学の基礎　*15*

1　母集団と標本…松林哲夫 …………………………………………………………… *16*
　1.1　無作為抽出とランダム（無作為）割付け　*17*
　　1.1.1　無作為抽出法　*17*
　　1.1.2　ランダム割付け　*17*
　　1.1.3　標本の大きさ（標本サイズ），標本数　*17*

2　確率変数と確率分布 … 松林哲夫 … 19

- 2.1　二項分布　19
  - 2.1.1　二項分布の平均と分散　20
  - 2.1.2　二項分布のグラフ　20
  - 2.1.3　Excel の関数と計算例　20
- 2.2　ポアソン分布　21
  - 2.2.1　ポアソン分布　21
  - 2.2.2　ポアソン分布の平均と分散　21
  - 2.2.3　ポアソン分布のグラフ　21
  - 2.2.4　Excel の関数と計算例　22
- 2.3　正規分布　23
  - 2.3.1　正規分布　23
  - 2.3.2　正規分布の平均値と分散　24
  - 2.3.3　Excel の関数と計算例　26
  - 2.3.4　二項分布の正規分布近似　27
- 2.4　標本平均の分布　27
- 2.5　中心極限定理　28
- 2.6　χ^2 分布，t 分布，F 分布　28
  - 2.6.1　χ^2 分布　28
  - 2.6.2　t 分布　29
  - 2.6.3　F 分布　31
  - 2.6.4　自由度　32
- 2.7　標準誤差と標準偏差　33
- 演習問題　33
- Topic：標準偏差（SD）と標準誤差（SE）との使い分け　35

3　母集団についての推定 … 瀧澤　毅 … 36

- 3.1　点推定と区間推定　36
- 3.2　95％ 信頼区間（母平均，母比率）　37
  - 3.2.1　標本が大きいときの 95％ 信頼区間　37
  - 3.2.2　標本が小さいときの 95％ 信頼区間　40
- 演習問題　43
- Topic：添付文書に記載のない副作用の発現確率　43

4　統計的仮説検定 … 瀧澤　毅 … 45

- 4.1　帰無仮説の概念，対立仮説，p 値　45
- 4.2　有意水準と有意確率　48
- 4.3　第 1 種の過誤と第 2 種の過誤　50
- Topic：両側検定と片側検定　51

5 二群間の平均値の差の検定…瀧澤　毅……………………………………53
5.1 母平均の差の検定　53
5.2 母平均の差の推定　55
5.3 t 分布　56
5.4 分散比の検定　57
5.5 ウエルチの検定　58
5.6 ウイルコクソンの順位和検定・マンホイットニーのU検定　58
演習問題　62
Topic：対応のある検定と対応のない検定　62

6 二群間の比率の検定…山村重雄……………………………………64
6.1 2×2 分割表と χ^2 検定　64
6.1.1 χ^2 検定の手順　66
6.2 χ^2 検定　66
6.2.1 χ^2 検定の手順　67
演習問題　67
Topic：Fisher の確率計算法　69

7 多群の比較…瀧澤　毅……………………………………70
7.1 分散分析　70
7.2 検定を繰り返すことの問題点，Tukey の方法，Dunnett の方法　73
7.2.1 検定を繰り返すことの問題点　73
7.2.2 Tukey の方法　74
7.2.3 Dunnett の方法　75
7.2.4 その他の多重比較法　75
演習問題　77
Topic：傾向性の検定（Cochran Armitage 検定）　77

8 相関分析と回帰分析…松林哲夫……………………………………80
8.1 相関分析　80
8.1.1 散布図　80
8.1.2 相関係数　81
8.1.3 相関係数の検定　83
8.1.4 相関係数の 95% 信頼区間　84
8.2 回帰分析　84
8.2.1 単回帰分析　84
8.2.2 最小二乗法による回帰式の決定　85
8.2.3 決定係数　87

  8.2.4 回帰直線の検定 87
  8.2.5 相関係数 r と決定係数 r^2 88
  8.2.6 検量線の作成 89
 演習問題 91
 Topic：非線形最小二乗法：$y=A[\exp(-Bt)-\exp(-Ct)]$ への回帰，
    ソルバーの使い方…瀧澤　毅 91

9 多変量解析…松林哲夫 95
 9.1 重回帰分析 95
  9.1.1 重回帰分析の結果の解釈 95
 9.2 ロジスティック重回帰分析 99

III　臨床への応用　103

1 臨床試験のデザイン…松林哲夫 104
 1.1 後ろ向き研究 104
 1.2 コホート研究 105
  1.2.1 前向きコホート研究 105
  1.2.2 後ろ向きコホート研究 106
 1.3 クロスオーバー試験 107
 1.4 ランダム化比較試験 107
 Topic：ロジスティック回帰分析 108

2 経時データの解析…山村重雄 110
 2.1 生存時間分析 110
 2.2 生存時間曲線（Kaplan-Meier 曲線） 110
 2.3 ログランク検定 113
 Topic：比例ハザードモデルと Cox 回帰 114

3 リスク因子の評価…松林哲夫 116
 3.1 リスク比 116
 3.2 オッズ比 117
  3.2.1 オッズ比とロジスティック単回帰モデル 118
 演習問題 118
 Topic：他因子の影響を調節したオッズ比 120
 Topic：交絡因子 122

4 臨床試験を実施する際の問題…山村重雄 123
 4.1 交互作用と交絡因子 123
 4.2 バイアス（偏り） 124

4.3　エンドポイントと必要治療数　　125
　　　　4.3.1　エンドポイント　125
　　　　4.3.2　治療必要数　125
　　Topic：例数設計　126

5　EBMの考え方…瀧澤　毅　………………………………128
　　5.1　ランダム化比較試験からのエビデンス評価　128
　　　　5.1.1　研究の結果は妥当か　129
　　　　5.1.2　結果はなにか　131
　　　　5.1.3　患者への適用　132
　　5.2　システマティックレビューとメタアナリシス　134
　　5.3　臨床試験デザインとエビデンスレベル　138
　　Topic：漸近分散法によるメタアナリシス　139
　　Topic：メディカル　ライティング　141

付　録　143
　1　臨床試験のガイドラインと統計的原則…松林哲夫　………………144
　　1.1　臨床試験ガイドライン　144
　　1.2　臨床試験の一般指針（ICH-E8ガイドライン）　145
　　1.3　臨床試験のための統計的原則（ICH-E9ガイドライン）　146
　2　統計処理とコンピュータ…山村重雄　………………………………148

索　引　151

I 生物統計学の基礎

1 データの整理

2 データの特徴の把握

3 データの分布と特性値

1 データの整理

　データを収集しても,適切に整理しなければ,それは単なる数値の羅列である.収集されたデータは解析の目的に応じて整理しなければならない.データを整理する際に注意しなければならないのは,データの型(尺度と呼ばれることもある)である.データには,身長や体重のように連続的な変数もあるし,性別,血液型のように分類のために用いられる変数もある.前者を量的変数(量的データ),後者を質的変数(質的データあるいはカテゴリカルデータと呼ばれることもある)という.量的変数は,一般に「連続」であることが多いが,人数のように整数値しかとらない離散的な場合もある.連続であってもある範囲しか事実上,とり得ない場合もある.例えば,成人の身長は連続な変数であるが,事実上範囲が限定されており,50 cm 以下や 300 cm 以上ということはあり得ない.

　コンピュータを用いて解析を行う場合には,質的変数を整理する際に分類のために数値を用いることがある(例えば,性別を分類するのに,男性を 1,女性を 0 とする場合など).このような場合,数値が分類のための単なる記号なのか,意味のある値なのかを意識しないと思わぬ間違いをすることがあるので,データを整理する際に変数の型を意識することは重要である.

1.1 データの種類

　質的変数(カテゴリカルデータ)と量的変数には,それぞれ表 1.1 のような尺度が考えられる.

表 1.1 質的変数と量的変数の尺度

質的変数(カテゴリカルデータ)		
名義尺度	分類するための整理番号または整理記号としてのデータ.特定の分類に属しているかどうかに意味がある.	血液型,性別,ID 番号など.血液型に A 型,B 型,AB 型,O 型にそれぞれ,1, 2, 3, 4 と数値を割り当てても数値の順序や大きさに意味はない.
順序尺度	順序に大小関係(順序関係)があるが,その間隔には意味がないデータ.順序カテゴリカルデータと呼ばれることもある.	効果を,悪化,不変,改善,著効に分類し,それぞれに $-1, 0, 1, 2$ と数値を割り当てた場合,順序に意味はあるが,間隔は等しくない.
量的変数		
比・間隔尺度	目盛りが等間隔になっており,測定値間の距離を測定することができる.	身長や体重などのように連続である場合と,人数などのように離散的(整数値をとるが中間の値をとることはない)な場合がある.

2 データの特徴の把握

データの特徴を把握する最も有効な方法は，データ全体を図示することである．データを図示することによって，データの分布状態を概観できるだけでなく，入力ミスを発見できることがある．

2.1 一変量（変数が一つ）の場合

変数が量的変数の場合，図示する方法としてよく用いられるものに，ヒストグラム（柱状グラフ）がある．図 2.1 は，20 名のクラスの身長を測定した結果である．横軸は身長，縦軸は人数である．ヒストグラムを見れば，身長が 175 cm 付近の人が多いことやどのような分布をしているのかが分かる．データを解析する前に全体の分布を見渡すことは重要である．データの入力ミスで桁数を間違えた場合でも，グラフで見ることで容易に発見することができる場合がある．

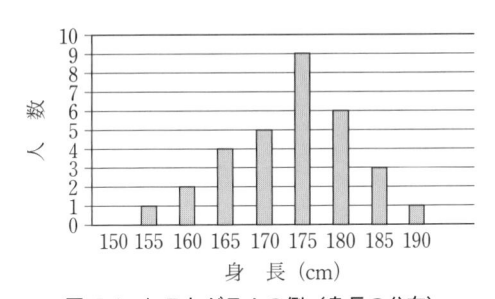

図 2.1 ヒストグラムの例（身長の分布）

2.2 二変量（変数が二つ）の場合

二変量の関係は，質的変数と量的変数を考慮して変数間の関係を図示すると次の三つの場合が考えられる．

2.2.1 量的変数と量的変数の関係

量的変数と量的変数の関係は，図 2.2 のような散布図になる．散布図を見ることで二つの変数の関係全体を見渡すことが可能である．

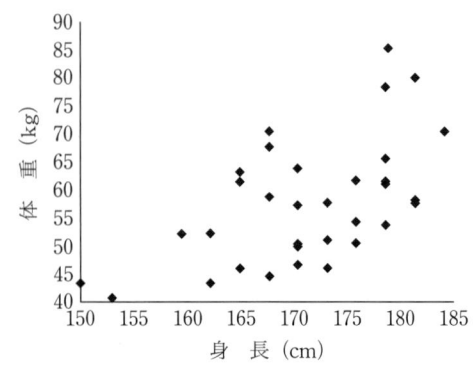

図 2.2　身長と体重の関係を示す散布図

2.2.2　質的変数と量的変数の関係

質的変数を横軸に，量的変数を縦軸にとると図 2.3 のようなプロット図となる．プロット図で，性別（質的変数）による身長（量的変数）の分布の違いが確認できる．

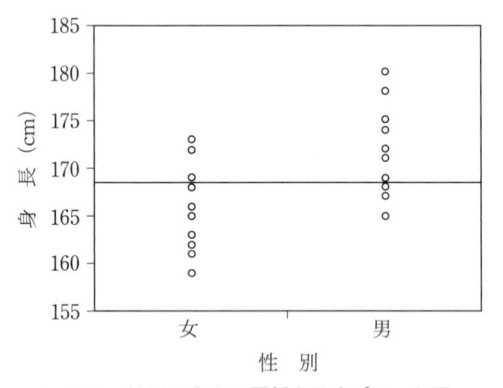

図 2.3　性別と身長の関係を示すプロット図

2.2.3　質的変数と質的変数の関係

質的変数と質的変数の関係は，分割表として表現できる．例えば，医薬品（A薬とB薬）による副作用発現の有無をまとめた場合は，表 2.1 のようになる．質的データの水準がそれぞれ 2 水準の場合，2×2 分割表といい，リスクの解析を行う場合などによく用いられる．

表 2.1　2×2 分割表の例

		副作用の有無	
		あり	なし
医薬品	A薬	20 人	320 人
	B薬	15 人	280 人

3　データの分布と特性値

　データを整理したら，次にデータの特徴を示すいくつかの特性値で代表させることによって要約することができる．ここでは代表的な特性値について学習する．

3.1　データの分布を代表する値

　データを要約し，まとめるとき，一般に最初に行われるのは，データの分布を表す指標を求めることである．データの分布を表す代表値として用いられる値には平均値，中央値がある．

3.1.1　平均値（mean）
　よく用いられるのは，算術平均と重み付き平均（加重平均）である．

　算術平均：単に平均または標本平均とも呼ばれ，式(3.1)で求められる．n個のデータ（X_i）の集団を考えたとき，その算術平均（$\bar{X}$）は

$$\bar{X} = \frac{X_1 + X_2 + \cdots\cdots + X_n}{n} \tag{3.1}$$

で求められる．平均値を表す記号としてアルファベット（mや$\bar{X}$）が用いられることが多い．第II編の1章で扱われる母集団の平均値を示す場合は，記号としてギリシャ文字 μ（アルファベットの m に相当）と表されることが多い．

　データが正規分布（p.23 参照）をしているときは，平均値はデータの分布を表すよい代表値となる．しかし，平均値は外れ値（集団から飛び離れた値）の影響を受けやすい特徴がある．また，データの分布がどちらかに（大きい方か小さい方に）大きくゆがんでいる場合や複数の山を持つような分布をしているような場合は，平均値はデータの分布を表す代表値としては適していない．外れ値があるかどうか，データの分布がゆがんでいないか，複数の山があるかどうかなどを確かめるために，平均値を求める前にデータの分布状態を確認することが重要である．

　重み付き平均：データがすでに階層ごと（例えば，年代別で集計されたデータ）に分類してあるときは，重み付き平均を求めることができる．重み付き平均は，式(3.2)で求められる．w_i はデータの重み（階層データ数），X_i はデータの

表 3.1 疾患が完治するまでの病院への通院回数

通院回数	人数
1	3
2	22
3	35
4	12
5	10
6	4
合計	86

値（階層の代表値）である．

$$m = \frac{\sum w_i X_i}{\sum w_i} \tag{3.2}$$

【例】 ある疾患が完治するまでに病院に通院した回数別の患者数を調べた（表3.1）．平均通院回数は重み付き平均を求めることができる．

$$\{(1 \times 3)+(2 \times 22)+(3 \times 35)+(4 \times 12)+(5 \times 10)+(6 \times 4)\}/86 = 3.19 \text{（回）}$$

として，平均値を求めることができる．

3.1.2 中央値（メジアン，median）

n個のデータを小さい順に並べ替えたときに，その中央に位置する値を中央値という．中央値もデータの分布を表す代表値としてよく用いられる．データ数が偶数の場合は中央の二つの値の平均値を中央値とする．データの分布がゆがんでいる場合や外れ値（集団から飛び離れた値）がある場合でも，中央値は平均値よりも変化しにくいので，分布の形に依存しない解析を行うときに利用される．

3.1.3 最頻値（モード，mode）

データの分布を表す代表値ではないが，データの特徴を示す値として最頻値がある．

最頻値は最も多く現れる値であり，位置を示す指標である．一般的にはヒストグラムを書いて，最も頻度が高い領域で示すことが多い．統計学的にはあまり利用されることはない．

3.1.4 平均値，中央値と最頻値の関係

データの分布が正規分布をしている場合は，平均値，中央値，最頻値の三つの値は等しくなる．しかし，データが正規分布していない場合は等しくはならない．分布にゆがみがある場合や，極端な外れ値がある場合は，平均値よりも，中

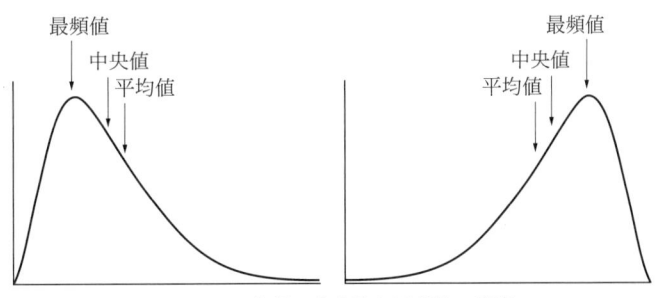

図 3.1 平均値，中央値と最頻値の関係

央値の方が分布を表す代表値としてとして優れている．

この例のように，データの分布が大きい方に裾を引いている場合は，最頻値＜中央値＜平均値の順に大きくなり，逆に分布が小さい方に裾を引いている場合は，最頻値＞中央値＞平均値の順となる．

また，データの分布によっては最頻値が集団特性を最もよく反映することがある．例えば，2004 年の勤労世帯の平均貯蓄高は 1,273 万円であり，中央値は 805 万円，最頻値は 200 万円以下である．これは，一部の資産家が平均値を引き上げているためである．このように，集団特性を最もよく反映している指標は平均値や中央値でなく，最頻値であることもある．

3.2 データの広がりを示す指標（分散，標準偏差，変動係数）

データのほとんどが平均値の近くに分布している場合，そのデータのばらつきが小さいという．一方，データが平均値から離れて分布している場合には，データのばらつきが大きいという．データの平均値のまわりの広がりを示す特性値として，**分散**（variance）や**標準偏差**（standard deviation：SD）がある．

3.2.1 分散と標準偏差

分散 V は式(3.3)で求められる．

$$V = \frac{\sum (X_i - \bar{X})^2}{n-1} \tag{3.3}$$

$\bar{X}$ は平均値，X_i は個々のデータ，n はデータ数である．

分散は，平均値と個々の値の差（偏差）の二乗を自由度 $n-1$ で割った値であり，平均値を中心としたデータの広がりの大きさを示したものである（偏差平方和：偏差の二乗を電卓で求めるときは $\sum(X_i-\bar{X})^2 = \sum X_i^2 - [(\sum X_i)^2/n]$ の公式を用いると簡単に計算できる）．偏差平方和を求め，$n-1$ で割った値が分散となる．偏差を平方するために，分散の単位は平均値の単位の二乗になる．例えば，身長の平均値を cm で求めた場合，その分散の単位は cm² となる．分散の

平方根をとって平均値と同じ尺度にした値を標準偏差（SD）といい，数学的にも取扱いやすいので，データのばらつきを示す指標としてよく用いられる．

$$SD = \sqrt{\frac{\sum (X_i - \bar{X})^2}{n-1}} \tag{3.4}$$

標準偏差は，データが正規分布をしているときはデータのばらつきを示すよい指標となる．正規分布の特徴から，平均値±SDの間にデータ全体の約68％が，平均値±1.96×SDの間にデータ全体の95％が存在する．

注：教科書によっては，分散を求める式として，偏差平方和を n で割る式と，$n-1$ で割る式が書かれていることがある．分散は，母分散（母集団の分散）の推定値として用いられることが多いので，偏差平方和を $n-1$ で割った値（不偏分散という）を用いることが多い．なぜ母集団の分散の推定値の場合には偏差平方和を $n-1$ で割るかは，定性的に次のように理解すればよいであろう．正規分布している母集団から抽出された標本は，平均値から大きく外れた値が抽出されるチャンスが少ない．そのために，抽出された標本から計算された分散は，母集団すべてのデータを使って計算された分散の値よりも少し小さくなるはずである．したがって，標本から求めたデータから母集団の分散を推定するためには，$n-1$ で割って，少し大きな値として推定値とする．

3.2.2 変動係数

変動係数（coefficient of variance：CV）は，SD を平均値で割った値であり，平均値の異なるデータ間のばらつきを比較するときに用いられる．通常，変動係数 CV は式(3.5)で示されるように，％で示される．

$$CV = \frac{\sqrt{\dfrac{\sum (X_i - \bar{X})^2}{n-1}}}{\bar{X}} \times 100 = \frac{SD}{\bar{X}} \times 100 \tag{3.5}$$

例えば，10名の患者の赤血球数と血色素の値を調べ，次のような値が得られたとする．

　赤血球数（個/mm³）：4,520,000±530,000　（平均値±SD）

　血色素（g/dL）：14.7±2.2　（平均値±SD）

赤血球数の平均値は血色素の平均値に比べ大きいために，SD も大きな値になっている．このような場合，どちらのばらつきが大きいかは変動係数で比較することができる．

　変動係数（CV％）で表すと，

　　赤色素数では，530,000/4,520,000×100＝11.7（％）

　　血色素では，2.2/14.7×100＝15.0（％）

となり，血色素のばらつきが大きいことが分かる．

3.3 箱ひげ図

データのばらつきを示しつつ，データ全体を図示する方法として箱ひげ図 (Box-Whisker Plot) が用いられることがある．箱ひげ図は図 3.2 のようなものであるが，次のようにして求める．

n 個のデータを小さい順に並べ，最小値から最大値の順になるように順番を付けたとき，$(n+1)/4$ 番目の値を 25% 点（第 1 四分位点，Q_1），$2[(n+1)/4]$ 番目の値は 50% 点（第 2 四分位点，Q_2．中央値と一致する），$3[(n+1)/4]$ 番目の値を 75% 点（第 3 四分位点，Q_3）という．第 1 四分位点と第 3 四分位点の幅を四分位範囲といい，n 個のデータの半分が含まれる範囲を示す．

箱ひげ図の箱の部分は，第 1 四分位点から第 3 四分位点の範囲を中央値とともに箱で表したものである．箱の上下についた線（ひげ）の書き方にはさまざまな流儀があるが，例えば，箱の上部のひげは，最大値と第 3 四分位点＋四分位範囲×1.5 のうち，小さい方の値まで伸ばす．また箱の下部のひげは，最小値と第 1 四分位点－四分位範囲×1.5 のうち大きい方の値まで伸ばす．いずれも，箱（第 1，第 2，第 3 四分位点が示される）と上下のひげの長さから，データがどのように分布しているのかを表示することができる．図 3.1 では，データがやや大きい値に裾を引いた分布をしたデータであることがわかる．

注：ひげの外側にあるデータを×印や○印で表示し，外れ値である可能性を示すこともある．

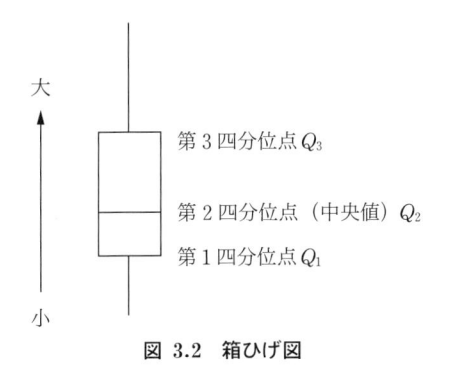

図 3.2 箱ひげ図

演習：分析ツールのインストール，基本統計量の読み方

　　Excel で統計解析を行うツール（分析ツールやソルバー）は，Excel の標準のインストール方法では導入されない．そこで，アドインモジュールとしてインストールする必要がある．

　　Excel 2007 では次のようにしてインストールする．

1. Office ボタンをおして，Excel のオプションを選択する．

3 データの分布と特性値   11

2. 左のアドインを選び，設定ボタンを選ぶ．

3. 分析ツールにチェックを入れて，OK ボタンを押す．

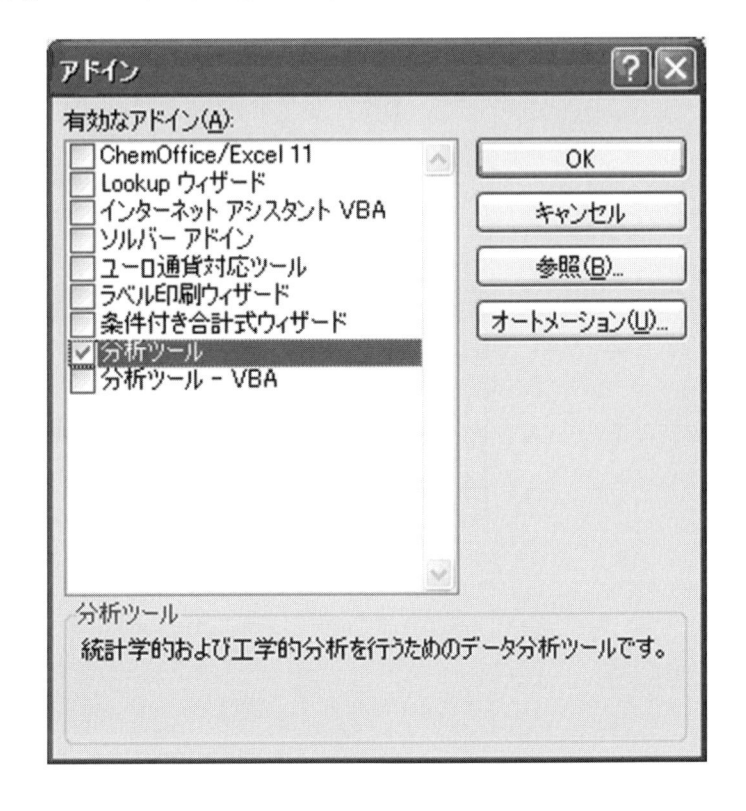

なお，Excel 2007 では，"Office ボタン"―"エクセルのオプション"―"アドイン"―"設定"，で分析ツールをインストールすることができる．

一番基本的な例として，基本統計量を表示させてみる．
次のデータは，100 名の患者の BMI（body mass index；体重（kg）÷身長（m)^2；体脂肪指標）を求めたデータの一部である．

1 ［ツール］―［分析ツール］から［基本統計量］を選ぶ．

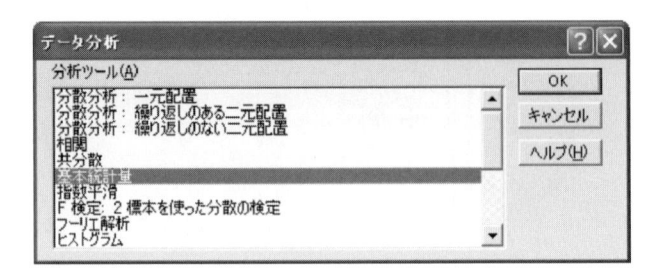

2 計算するデータの範囲を指定する．

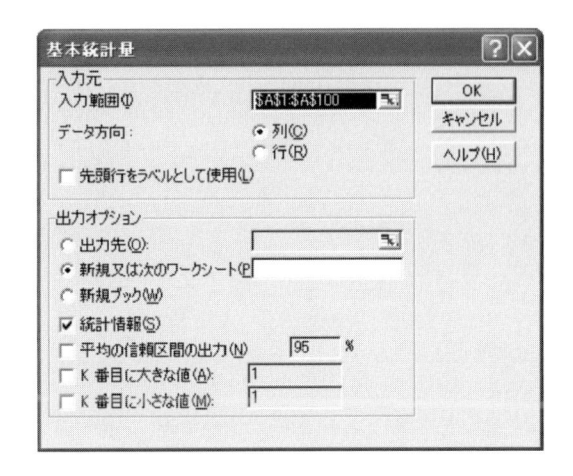

結果は，次のように表示される．

100名の患者のBMI値	
平均	23.627
標準誤差	0.357855157
中央値（メジアン）	23.25
最頻値（モード）	24.1
標準偏差	3.578551566
分散	12.80603131
尖度	4.271429462
歪度	1.155727384
範囲	24.5
最小	15.9
最大	40.4
合計	2362.7
標本数	100

標準誤差は $\sqrt{\dfrac{\sum(X_i-\bar{X})^2}{n(n-1)}}$ で表される統計量であり，平均値のばらつきを示している（p.33参照）．

尖度は分布の山の尖りの程度を示すパラメータであり，正規分布の場合は3である．これより大きいと先が尖った分布であり，小さいとなだらかな分布をしている．

歪度は分布の非対称性を示すパラメータで，対称に分布していれば0，右に裾を引いているとき正，左に裾を引いているとき負の値となる．

Topic：対数変換によるデータの正規化

臨床で用いられる臨床検査値のデータは正規分布しない例が多く，正規分布する例の方がむしろ少ない．これは，多くの臨床検査値は，負の値にならず，正常値付近に多く分布し，右に（大きな値の方に）裾を引いた分布をするためである．このような分布のデータを，正規分布を仮定して解

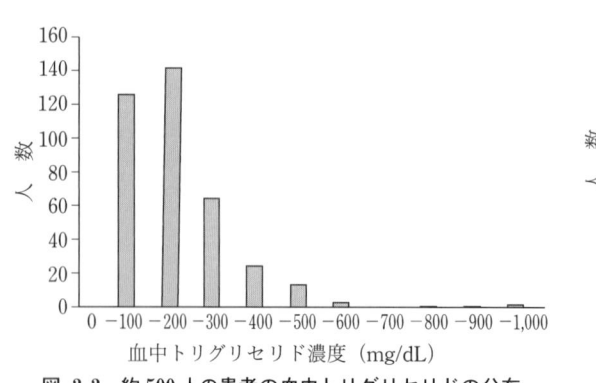

図 3.3 約 500 人の患者の血中トリグリセリドの分布

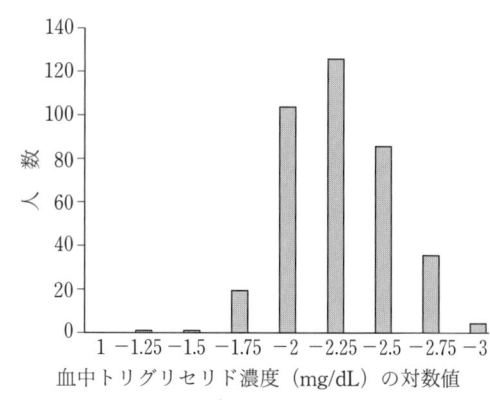

図 3.4 図 3.2 のデータを対数変換したグラフ

析を行うと思わぬ間違いをすることがある．大きい値に裾を引く分布の場合，対数変換することにより正規分布に近づけることができる．

【例】 図 3.3 は，約 500 人の患者の血中トリグリセリドを測定した結果である．右に裾を引いた分布をしており，正規分布しているとはいえない．これを対数変換すると図 3.4 のように正規分布に近づけることができる．対数変換した値を用いることによって，正規分布を仮定した解析が可能となる．ただし，解析した結果を評価するときは，必要に応じて実数へ変換しなければならない．

II 推測統計学の基礎

1 母集団と標本
2 確率変数と確率分布
3 母集団についての推定
4 統計的仮説検定
5 二群間の平均値の差の検定
6 二群間の比率の検定
7 多群の比較
8 相関分析と回帰分析
9 多変量解析

1 母集団と標本

　統計学を学ぶにあたって一番大事なことは，**母集団**と**標本**との区別をつけることである．母集団とは「情報を得たいと考えている有限または無限の個体の集合」と定義できる．多くの場合，母集団全体を調べることは不可能なので，母集団を代表する一部の対象だけを基に調査する．この取り出した一部分を標本という．したがって，標本とは「母集団を調べるために，そこから取り出した個体の集合」と定義できる．母集団から標本を取り出すことを抽出という．研究の目的は母集団の情報を正確に把握することであるから，標本は母集団の情報を正確に反映していることが重要である．そのため，抽出は慎重に行う必要がある．
　統計学の目的は標本の分析だけではなく，その標本が取られた母集団の特徴や性質を知ることである（図 1.1）．

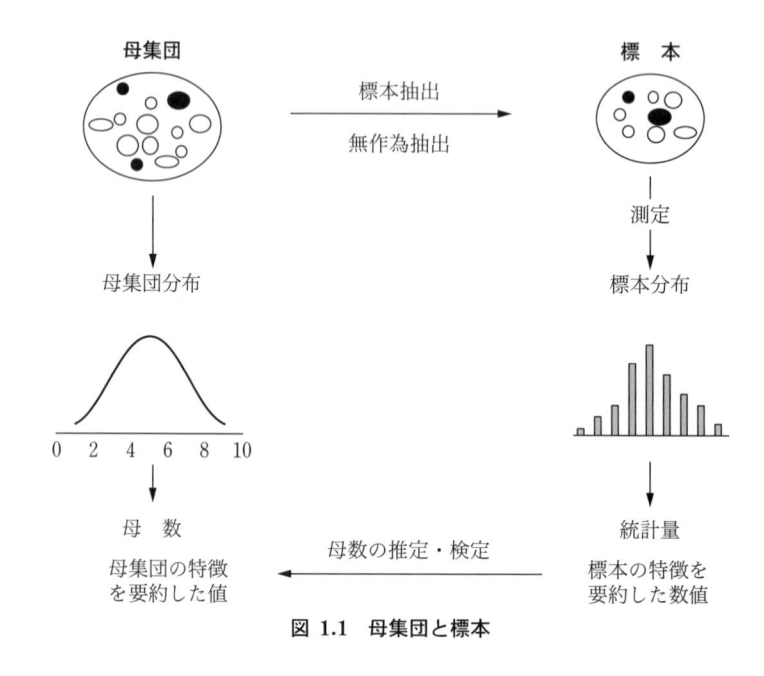

図 1.1　母集団と標本

1.1 無作為抽出とランダム（無作為）割付け

1.1.1 無作為抽出法

母集団の情報を正確に反映させるため，標本の抽出法には多くの研究がなされている．**無作為抽出**と呼ばれる抽出法は母集団のどの個体も等しい確率で選ばれるように計画された抽出法である．無作為抽出で得られた標本は無作為標本と呼ばれる．

1.1.2 ランダム割付け

臨床試験等でも「患者の母集団」を十分反映した対象集団を集積することが大事である．しかしながら，「患者の母集団」からの無作為抽出は不可能なので，患者を試験に組み入れる際に，いくつかある治療法のうち患者をいずれかの治療法に割り付けることが行われる．その際，治療薬群に割り付けられた患者群と標準薬群に割り付けられた対照患者群との間に差があるとバイアスの原因となる．したがって，患者の治療法への割付けはランダムでなければならない．このように患者をランダムにいずれかの治療法に割り付けることをランダム割付けという．

ランダム割付けによって，患者を恣意的に特定の治療法に割り付けるバイアスを減らすことができ，比較する群が同じような特性を持った患者集団となる．

無作為抽出と無作為割付けは全く違う概念であり，両者を混同しないように注意すべきである．

1.1.3 標本の大きさ（標本サイズ），標本数

日本人成人男子の身長を調べたいとき，全員の身長を測ることは不可能である．したがって，1,000人を無作為に抽出し身長を測定すると1,000個の身長のデータが得られる．この1,000人の標本を $n=1{,}000$ と表記し，n を**標本の大きさ**，あるいは**標本サイズ**と呼ぶ．

また，別の1,000人を無作為抽出すると $n=1{,}000$ の標本が得られ，2個の標

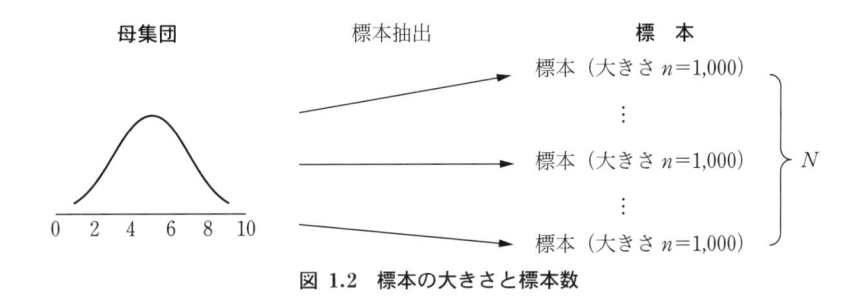

図 1.2 標本の大きさと標本数

本の組がある．N 回繰り返し操作を行うと N 個の標本の組が得られる．この場合，N を**標本数**という（図 1.2）．

また，二つの母集団から，それぞれ n 個からなる標本を取り出すと標本数は 2，標本の大きさはそれぞれ n となる．

2 確率変数と確率分布

さいころを投げるとき，出る目の数を X で表すと，X は 1 から 6 までの整数のいずれかをとる．そして，それぞれの値をとる確率は 1/6 である．このように X がある実数値をとり，それに一つの確率が対応するとき，X を**確率変数**といい，その対応を**確率分布**という．

確率変数 X が離散的な実数値 $x_1, x_2, x_3, \cdots\cdots$ をとり，対応する確率がそれぞれ $p_1, p_2, p_3, \cdots\cdots$ である場合

$$P(X = x_i) = p_i$$

と書き表し，確率変数 X の確率分布といい，X を離散変数という．

X が連続的な数値をとり，X が区間 $[a, b]$ に入る確率がある関数 $f(x)$ に対して

$$P(a \leq X \leq b) = \int_a^b f(x)\,dx \tag{2.1}$$

と表されるとき，X を連続変数，また $f(x)$ を**確率密度関数**という．

2.1 二項分布

試行結果が，適当な名のついた二つのカテゴリー（例えば，成功と失敗，生存と死亡，治癒と非治癒など）のうち必ずどちらか一方のみである場合，いま，カテゴリーを「成功」，「失敗」とすれば，試行回数 n，成功の確率 p での成功の回数を x とすると，x は 0 から n までの整数値をとる離散型の確率変数となる．この x の従う確率分布をパラメータ n, p の二項分布といい，これを $B(n, p)$ と表す．

n 回試行中，x 回成功する確率は

$$p(x) = {}_nC_x p^x (1-p)^{n-x} \quad (x = 0, 1, 2, \cdots\cdots, n) \tag{2.2}$$

で与えられる．これは，n 回の試行のうち，x 回成功し $(n-x)$ 回失敗する確率は，それらの試行が互いに独立であることにより，成功の確率 p を x 回，失敗の確率 $(1-p)$ を $(n-x)$ 回かけた $p^x (1-p)^{n-x}$ となる．n 回の試行中で x 回の成功の生じる場合は任意であるので，その「場合の数」は n 個から x 個を選ぶ組み合わせの数 ${}_nC_x$ となる．ここで ${}_nC_x = \dfrac{n!}{x!(n-x)!}$ である．したがっ

て，式(2.2) が得られる．

2.1.1　二項分布の平均と分散

二項分布 $B(n, p)$ に伴う確率変数 X の平均（期待値）と分散は次のようになる．

$$E(X) = \sum_{x=0}^{n} x \frac{n!}{x!(n-x)!} p^x (1-p)^{n-x} = np$$

$$V(X) = \sum_{x=0}^{n} x(x-np)^2 \frac{n!}{x!(n-x)!} p^x (1-p)^{n-x} = np(1-p)$$

2.1.2　二項分布のグラフ

図 2.1 はサイコロを n 回 (6, 8, 10, 20 回) それぞれ振ったときの，1 の目が 0〜6，0〜8，0〜10，0〜20 回でる確率を式(2.2) から求めたものである．

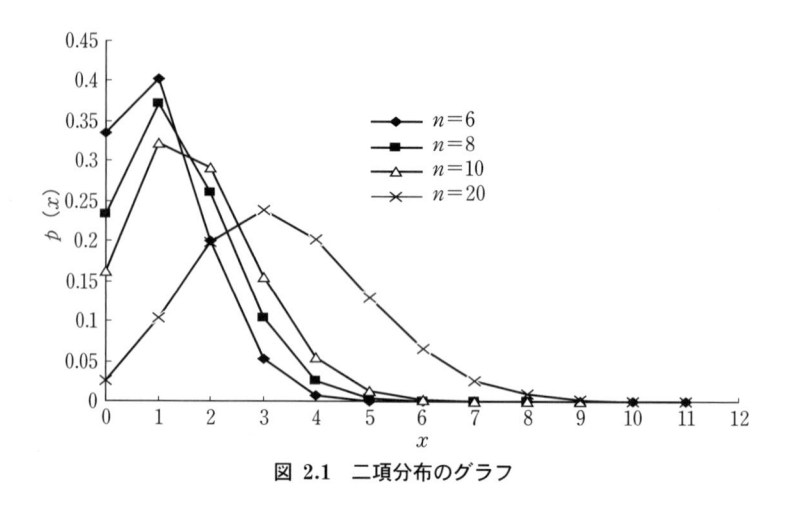

図 2.1　二項分布のグラフ

2.1.3　Excel の関数と計算例

$X \sim B(n, p)$ であるとき，

$$p(x) = \Pr(X = x) = \frac{n!}{x!(n-x)!} p^x (1-p)^{n-x} \qquad (i = 0, 1, \cdots\cdots, n)$$

$$P_b(x) = \Pr(X \leq x) = \sum_{y=0}^{x} (p(y))$$

とすれば，Excel の関数では

$p(x) = \text{BINOMDIST}(x, n, p, \text{FALSE})$

$P_b(x) = \text{BINOMDIST}(x, n, p, \text{TRUE})$

によって求まる．例えば，$n=10$，$p=1/6$，$x=4$ とすると

$p(4) = \text{BINOMDIST}(4, 10, 1/6, \text{FALSE}) = 0.054265876$

$$P_b(4) = \text{BINOMDIST}(4, 10, 1/6, \text{TRUE}) = 0.984538033$$

となる．

2.2 ポアソン分布

2.2.1 ポアソン分布

0以上の整数値をとる離散型確率変数 X の確率関数が，λ を正の定数として

$$p(x) = \frac{\lambda^x}{x!} e^{-\lambda} \quad (x = 0, 1, 2, \cdots\cdots) \tag{2.3}$$

で与えられるとき，X の従う分布をパラメータ λ の**ポアソン分布**という．

ポアソン分布は，二項分布 $B(n, p)$ において，$\lambda = np$ を一定にして $n \to \infty$（したがって，$p \to 0$）となる極限の分布である．したがって，発生確率 p は非常に小さいが，試行回数 n がかなり大きい二項分布 $B(n, p)$ に従う確率変数 X は $\lambda = np$ が一定のとき，近似的にポアソン分布（λ を平均とする）とみなせる．

このように，ポアソン分布は発生確率は小さいが試行回数が多いような現象の発生回数の分布としてよく用いられる．例えば，薬の副作用の発生確率が 1/500 の薬を 10,000 人が服用したとき，30 人以上に副作用が出る確率，あるいは飛行機事故の確率が 1/10 万，飛行機搭乗回数を 8,000 回としたとき，一度も事故にあわない確率などがポアソン分布から求めることができる．

2.2.2 ポアソン分布の平均と分散

ポアソン分布に従う確率変数 X の平均（期待値）と分散は

$E(X) = \lambda$

$V(X) = \lambda$

である．

2.2.3 ポアソン分布のグラフ

図 2.2 に平成 19 年 1 月 1 日から 12 月 31 日の 1 年間の東京都における交通事故死亡者数のグラフを示す．横軸は 1 日当りの死亡者数，縦軸はその日数である．ポアソン分布によく当てはまることがうかがえる．

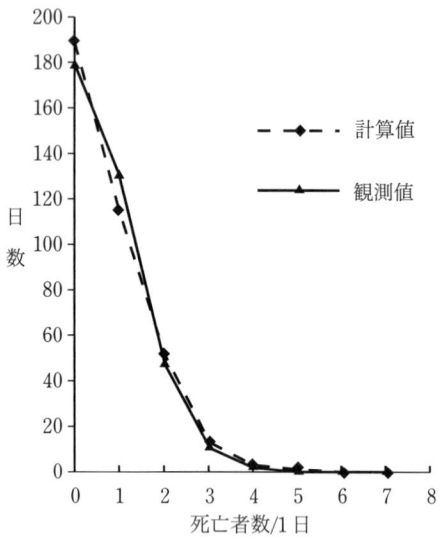

図 2.2 ポアソン分布のグラフ

2.2.4 Excel の関数と計算例

平均 λ のポアソン分布では

$$p(x) = \Pr(X = x) = \lambda^x \frac{e^{-\lambda}}{x!}$$

$$P_b(x) = \Pr(X \leq x) = \sum_{y=0}^{x} (p(y))$$

とすれば，Excel の関数では

$p(x) = \text{POISSON}(x, \lambda, \text{FALSE})$

$P_b(x) = \text{POISSON}(x, \lambda, \text{TRUE})$

によって求まる．例えば，$\lambda = 1$，$x = 5$ とすると

$p(5) = \text{POISSON}(5, 1, \text{FALSE}) = 0.003065662$

$P_b(5) = \text{POISSON}(5, 1, \text{TRUE}) = 0.999405815$

となる．

例えば，日本において，ある人が1年間に交通事故によって死亡する確率は 0.00005（1年間の交通事故死亡者数 6,860 人（3年間の平均）を総人口1億2,682 万人で割ったもの）である．人口 10 万人の町で，ある年の交通事故による死亡者人数の確率を求めると，

死亡者の平均は

$$\lambda = np = (100{,}000)(0.00005) = 5$$

これはまた分散でもある．

ある年にこの町で事故による死亡者がでない確率は，

$$p(x) = \frac{\lambda^x}{x!} e^{-\lambda} = \frac{(5)^0}{0!} e^{-5} = 0.00067$$

となり，1人の死亡者が出る確率は

$$p(x)=\frac{\lambda^x}{x!}e^{-\lambda}=\frac{(5)^1}{1!}e^{-5}=0.0335$$

となり，以下同様に2人，3人と求めることができる．

2.3 正規分布

2.3.1 正規分布

連続型確率変数 X の式 (2.1) の確率密度関数 $f(x)$ が，μ および σ をある正の定数として

$$f(x)=\frac{1}{\sqrt{2\pi}\sigma}\exp\left[-\frac{(x-\mu)^2}{2\sigma^2}\right] \tag{2.4}$$

で与えられるとき，X は平均 μ，分散 σ^2 の**正規分布**に従うといい，$N(\mu, \sigma^2)$ と記する．

統計学では正規分布は重要な確率分布となっている．

（1） 自然界の観測値，測定値の分布を調べると，多くの場合近似的に正規分布になる．また，簡単な変数変換を行うと変換後の値も正規分布に従うことが多い．

（2） 統計量の分布の多くがほぼ正規分布に従う（例えば，標本平均の分布）．

これらのことから，統計解析においては多くの場合正規分布を仮定することが多い．

図 2.3 に正規分布 $N(\mu, \sigma^2)$ の**確率密度曲線**を示す．左右対称の山型の曲線である．

図 2.4 は，平均 μ は 0 で同じだが，標準偏差 σ の異なる正規分布を示している．標準偏差 σ が小さくなるほど分布の中央はとがっていく．逆に標準偏差 σ が大きくなると，分布は扁平になることが分かる．特に $\mu=0$，$\sigma^2=1$，すなわち $N(0,1)$ の正規分布を**標準正規分布**という．

確率変数 X が区間 $[-\infty, x]$ に含まれる確率は，積分を用いて

$$\Pr(-\infty \leq X \leq x)=\int_{-\infty}^{x}f(x)\,dx=\int_{-\infty}^{x}\frac{1}{\sqrt{2\pi}\sigma}\exp\left[-\frac{(x-\mu)^2}{2\sigma^2}\right]dx \tag{2.5}$$

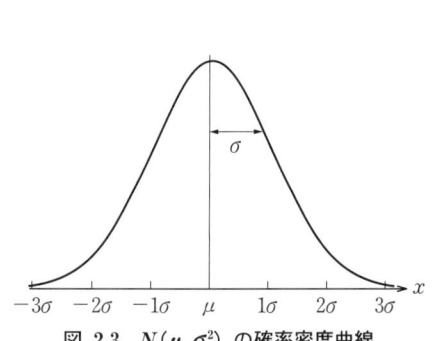

図 2.3 $N(\mu, \sigma^2)$ の確率密度曲線

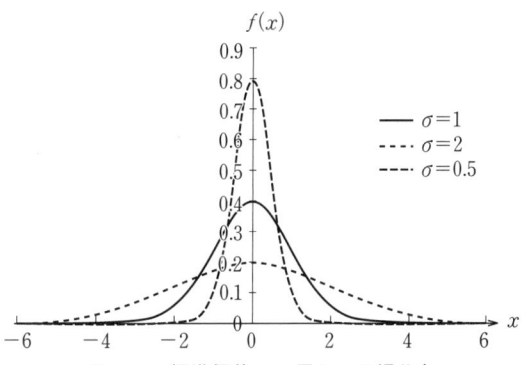

図 2.4 標準偏差 σ の異なる正規分布

図 2.5 $N(0,1)$ の確率密度関数と累積分布関数

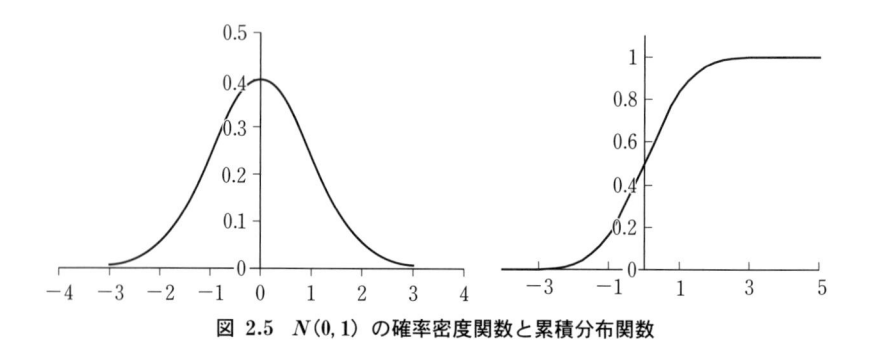

のように表し，X の**累積分布関数**と呼ぶ．

図 2.5 に標準正規分布 $N(0,1)$ の確率密度関数と累積分布関数を示す．

2.3.2　正規分布の平均値と分散

式 (2.4) を確率密度関数にもつ確率変数 X の平均（期待値），分散は

$$E(X) = \mu$$
$$V(X) = \sigma^2$$

で与えられる．

正規分布は最も重要な分布の一つであるが，その確率密度関数式 (2.4) には二つの定数が含まれており，$\Pr(a \leq X \leq b)$ のような確率計算を求めるのに直接に積分するのは容易ではない．

確率変数 X が $N(\mu, \sigma^2)$ に従うとき

$$Z = \frac{X - \mu}{\sigma} \tag{2.6}$$

で変換される確率変数 Z は**標準正規分布** $N(0,1)$ に従う．このことより，確率変数 X を Z に変換すると

$$\Pr(a \leq X \leq b) = \int_a^b \frac{1}{\sqrt{2\pi}\sigma} \exp\left[-\frac{(x-\mu)^2}{2\sigma^2}\right] dx = \int_{\frac{a-\mu}{\sigma}}^{\frac{b-\mu}{\sigma}} \frac{1}{\sqrt{2\pi}} e^{-\frac{z^2}{2}} dz$$
$$= \Pr\left(\frac{a-\mu}{\sigma} \leq Z \leq \frac{b-\mu}{\sigma}\right) \tag{2.7}$$

となる．

したがって，正規分布 $N(\mu, \sigma^2)$ に従う確率変数 X がいろいろな値の範囲をとる確率を求める計算は標準正規分布 $N(0,1)$ の確率計算に移されることになる．一般には標準正規分布 $N(0,1)$ に対する確率の計算結果が数表という形で与えられるので，その数表を利用するか，あるいはコンピュータソフトを利用する．

a.　下側確率，下側 100α%点

X が b 以下の範囲において，X の値に対応する事象のとりうる確率 $\Pr(X \leq$

$b) = \int_{-\infty}^{b} \frac{1}{\sqrt{2\pi}\sigma} \exp\left[-\frac{(x-\mu)^2}{2\sigma^2}\right] dx$ を**下側確率**と呼ぶ．図2.6の確率密度曲線と横軸との間に囲まれた b までの面積（アミカケ部の面積）が下側確率である．

下側確率では点 b が与えられたときの b 以下の確率を求めるが，確率 α を与えたとき，$\Pr(X \leq a) = \alpha$ となる点 a を**下側 $100\alpha\%$ 点**という（図2.7）．

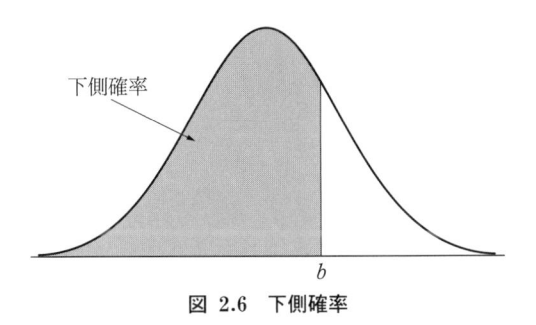

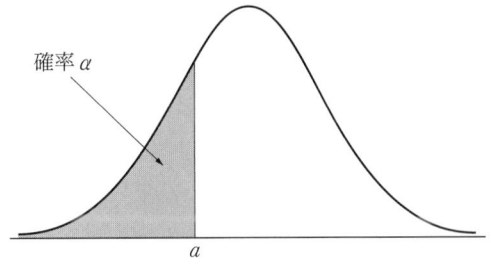

図 2.6 下側確率

図 2.7 確率 α を与えたときの下側 $100\alpha\%$ 点

b. 上側確率，上側 $100\alpha\%$ 点 $Z(\alpha)$

X が c 以上の範囲において，X の値に対応する事象のとりうる確率 $\Pr(c \leq X)$ を確率 $\Pr(c \leq X)$ を**上側確率**と呼ぶ．図2.8のアミカケ部の面積である．上側確率は全体から下側確率を引くことによって求めることができる．

$$\Pr(X \geq c) = 1 - \Pr(X \leq c) = \int_{c}^{\infty} \frac{1}{\sqrt{2\pi}\sigma} \exp\left[-\frac{(x-\mu)^2}{2\sigma^2}\right] dx$$

確率 α を与えたとき，$\Pr(c \leq X) = \alpha$ となる点を $z(\alpha)$ と記し，を**上側 $100\alpha\%$ 点**という（図2.9）．

下側 $100\alpha\%$ 点は，正規分布の対称性により，

$$z(1-\alpha) = -z(\alpha)$$

で求められる．

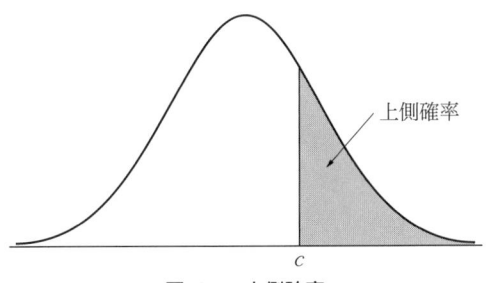

図 2.8 上側確率

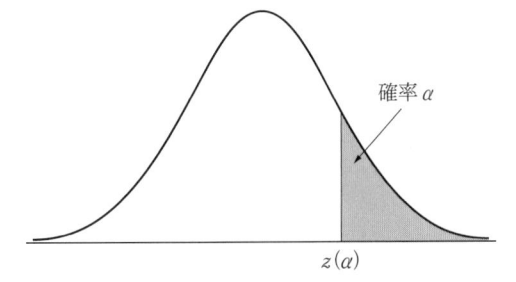

図 2.9 確率 α を与えたときの上側 $100\alpha\%$ 点 $z(\alpha)$

c. 区間 $[a, b]$ の確率

区間 $[a, b]$ の確率 $\Pr(a \leq X \leq b)$ は図2.10のような区間 $a \leq X \leq b$ 内の確率密度曲線と横軸との間に囲まれた面積であり，次のように求める．

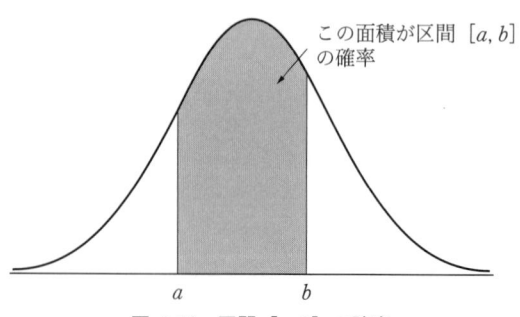

図 2.10 区間 $[a, b]$ の確率　　**図 2.11** 主な区間の確率

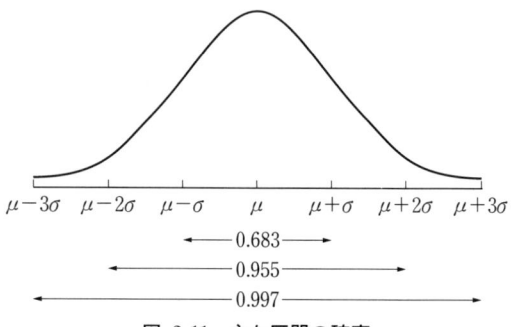

$$\Pr(a \leq X \leq b) = P(X \leq b) - P(X \leq a)$$

図 2.11 に主な区間の確率を示す．図 2.11 に示すように

区間 $[\mu-\sigma, \mu+\sigma]$ に入る確率がほぼ 0.683

区間 $[\mu-2\sigma, \mu+2\sigma]$ に入る確率がほぼ 0.955

区間 $[\mu-3\sigma, \mu+3\sigma]$ に入る確率がほぼ 0.997

である．したがって，区間 $[\mu-3\sigma, \mu+3\sigma]$ には事実上すべてが含まれる．

2.3.3　Excel の関数と計算例

計算例では $X \sim N(125, 5^2)$ とする．

a.　変数変換 $Z = (X - \mu)/\sigma$

式 (2.6) は

$z = \text{STANDARDIZE}(x, \mu, \sigma)$

$z = \text{STANDARDIZE}(136, 125, 5) = 2.2$

b.　正規分布の累積分布関数の値

$X \sim N(\mu, \sigma^2)$ のとき

$\Pr(X \leq c) = \text{NORMDIST}(c, \mu, \sigma, \text{TRUE})$

$\Pr(X \leq 136) = \text{NORMDIST}(136, 125, 5, \text{TRUE}) = 0.986096601$

$Z \sim N(0, 1)$ ならば

$\Pr(Z \leq c) = \text{NORMDIST}(c, 0, 1, \text{TRUE})$

あるいは

$\Pr(Z \leq c) = \text{NORMSDIST}(c)$

$\Pr(Z \leq 2.2) = \text{NORMSDIST}(2.2) = 0.986096601$

c.　下側 $100\alpha\%$ 点 a

$X \sim N(\mu, \sigma^2)$ のとき

$a = \text{NORMINV}(\alpha, \mu, \sigma)$

下側 40% 点は
　　$a=$ NORMINV $(0.4, 125, 5) = 123.7332638$

これは上側 60% 点でもある．

$Z \sim N(0, 1)$ ならば
　　$a=$ NORMSINV (α)
　　$a=$ NORMSINV $(0.40) = -0.25335$

信頼区間や検定でよく使う $N(0, 1)$ の両側 5% 点（片側 2.5%）の値は
　　$a=$ NORMSINV $(0.975) = 1.959962787 \approx 1.96$

である．

2.3.4　二項分布の正規分布近似

二項分布 $B(n, p)$ による確率計算は試行回数 n が大きくなると計算が困難となる．

n が十分に大きいときは，二項分布 $B(n, p)$（期待値は np，分散は $np(1-p)$）に従う確率変数 X は近似的に正規分布 $N(np, np(1-p))$ に従う．また，X/n は近似的に正規分布 $N(p, p(1-p)/n)$ に従う．したがって，標準化して

$$\Pr(a \leq X \leq b) \approx \Pr\left(\frac{a-np}{\sqrt{np(1-p)}} \leq Z \leq \frac{b-np}{\sqrt{np(1-p)}}\right) \tag{2.8}$$

から n が十分大きい $B(n, p)$ の区間 $[a, b]$ の確率が求まる．

2.4　標本平均の分布

母集団分布から n 個の標本 $X_1, X_2, \ldots, X_n$ を無作為に選ぶとき，各 X_i を母集団分布に従う確率変数と考えることができる．標本 $X_1, X_2, \ldots, X_n$ から計算されるある値を一般に**統計量**という．$X_1, X_2, \ldots, X_n$ が確率変数であるので統計量も確率変数となり，ある確率分布に従って分布する．この統計量の分布を**標本分布**という．

標本平均

$$\bar{X} = \frac{X_1 + X_2 + \cdots + X_n}{n} = \frac{1}{n}\sum_{i=1}^{n} X_i$$

も統計量の例であり，標本平均もある確率分布に従う．

標本平均の分布については，
$X_1, \ldots, X_n$ が互いに独立な正規分布 $N(\mu, \sigma^2)$ に従う確率変数とすれば標本和 $X_1 + X_2 + \cdots + X_n$ の分布は正規分布 $N(n\mu, n\sigma^2)$ となり，それを n で割った，標本平均 $\bar{X}$ の分布も正規分布となる．

標本平均 $\bar{X}$ の期待値と分散は

$$E(\bar{X}) = E\left[\frac{1}{n}(X_1+X_2+\cdots\cdots+X_n)\right] = \frac{n\mu}{n} = \mu$$

$$V(\bar{X}) = V\left[\frac{1}{n}(X_1+X_2+\cdots\cdots+X_n)\right] = \frac{1}{n^2}V(X_1+X_2+\cdots\cdots+X_n)$$

$$= \frac{n\sigma^2}{n^2} = \frac{\sigma^2}{n}$$

となり，標本平均 $\bar{X}$ の分布は正規分布 $N\left(\mu, \frac{\sigma^2}{n}\right)$ となる．

2.5 中心極限定理

上記の場合，$X_1, \cdots\cdots, X_n$ が正規分布 $N(\mu, \sigma^2)$ に従うことを仮定したが，$X_1, \cdots\cdots, X_n$ が正規分布でなくても，$E(X_i) = \mu$，$V(X_i) = \sigma^2$ である互いに独立な確率変数とすれば，十分大きな n に対して $\bar{X}$ は近似的に正規分布 $N\left(\mu, \frac{\sigma^2}{n}\right)$ に従う．これを**中心極限定理**という．

また，この定理より，

$Z = \dfrac{\bar{X} - \mu}{\sigma/\sqrt{n}}$ はもとの分布が何であろうと，n が十分大きいと近似的に標準正規分布 $N(0,1)$ に従うことが示される．

この定理の重要性は，X_i がどんな分布であっても，標本平均は n が十分大きければ正規分布に近づくことを示し，また平均値 μ は同じであるが，分散は小さく σ^2/n となり，標本平均は平均値 μ の周りに密に集まっていることを示している．

重要な定理であるが，この定理の証明は本書の程度を超えるので省略する．

2.6 χ^2 分布, t 分布, F 分布

統計的推定・検定において重要な χ^2 分布，t 分布，F 分布の三つの標本分布について述べる．

2.6.1 χ^2 分布

a. χ^2 分布

1) $X_1, \cdots\cdots, X_n$ が互いに独立に正規分布 $N(\mu, \sigma^2)$ に従う確率変数とするとき，

$$\chi^2 = \sum_{i=1}^{n} \frac{(X_i - \mu)^2}{\sigma^2} \tag{2.9}$$

は自由度 n の χ^2 （カイ二乗）分布に従う．

b. χ^2 分布のグラフ

図 2.12 に χ^2 分布のグラフを示す．

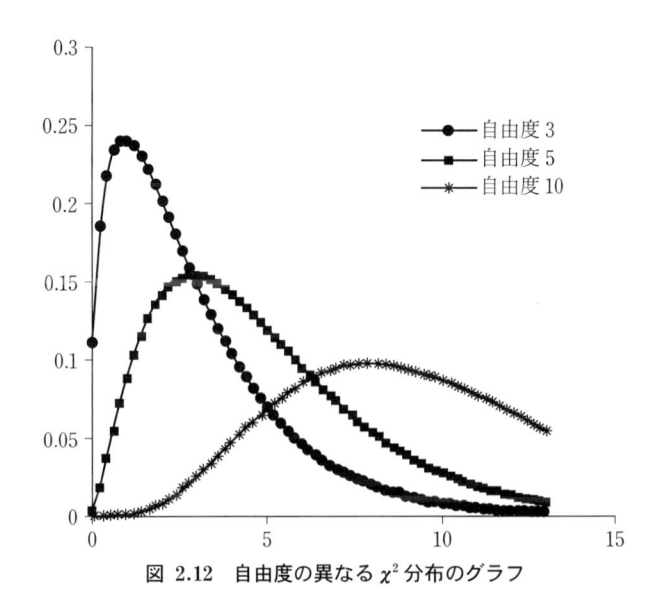

図 2.12 自由度の異なる χ^2 分布のグラフ

c. Excel の関数と計算例

$\Pr(x \leq X) = \text{CHIDIST}(x, n)$ で上側確率が求まる．
自由度 1 で 19.3 以上となる確率は

$$\Pr(19.3 \leq X) = 0.0000111706$$

χ^2 分布の上側 $100\alpha\%$ 点 $\chi_n^2(\alpha)$ は

$$\chi_n^2(\alpha) = \text{CHINV}(\alpha, n)$$

である．

自由度 1 の上側 5% 点は

$$\chi_n^2(0.05) = \text{CHINV}(0.05, 1) = 3.841455338$$

となる．

2.6.2 t 分 布

t 分布は Student（スチューデント）の t 分布とも呼ばれる．

a. t 分布

1) $X_1, \ldots, X_n$ が互いに独立に正規分布 $N(\mu, \sigma^2)$ に従う確率変数で，

$$\bar{X} = \frac{1}{n} \sum_{i=1}^{n} X_i, \quad S^2 = \frac{1}{n-1} \sum_{i=1}^{n} (X_i - \bar{X})$$

とするとき,
$$t = \frac{\bar{X} - \mu}{S/\sqrt{n}} \tag{2.10}$$
は自由度 $(n-1)$ の t 分布に従う.

母分散が既知であれば $Z = \dfrac{\bar{X} - \mu}{\sigma/\sqrt{n}}$ のように正規分布に従うが,分母の母標準偏差 σ を標本標準偏差 S に置き換えると t 分布になる.

2) 確率変数 $X_1, \cdots\cdots, X_{1n_1}$ は正規分布 $N(\mu_1, \sigma^2)$ に, $X_{21}, \cdots\cdots, X_{2n_2}$ は正規分布 $N(\mu_2, \sigma^2)$ に従う互いに独立な確率変数とする.また,

$$\bar{X}_1 = \frac{1}{n_1} \sum_{i=1}^{n_1} X_{1i}, \quad S_1^2 = \frac{1}{n_1 - 1} \sum_{i=1}^{n_1} (X_{1i} - \bar{X}_1)^2$$

$$\bar{X}_2 = \frac{1}{n_2} \sum_{i=1}^{n_2} X_{2i}, \quad S_2^2 = \frac{1}{n_2 - 1} \sum_{i=1}^{n_2} (X_{2i} - \bar{X}_2)^2$$

$$S^2 = \frac{(n_1 - 1) S_1^2 + (n_2 - 1) S_2^2}{n_1 + n_2 - 2)}$$

とするとき
$$t = \frac{\bar{X}_1 - \bar{X}_2 - (\mu_1 - \mu_2)}{\sqrt{S^2}} \sqrt{\frac{n_1 n_2}{n_1 + n_2}} \tag{2.11}$$
は自由度 $(n_1 - 1) + (n_2 - 1) = n_1 + n_2 - 2$ の t 分布に従う.

b. t 分布のグラフ

図 2.13 に t 分布のグラフを示す.

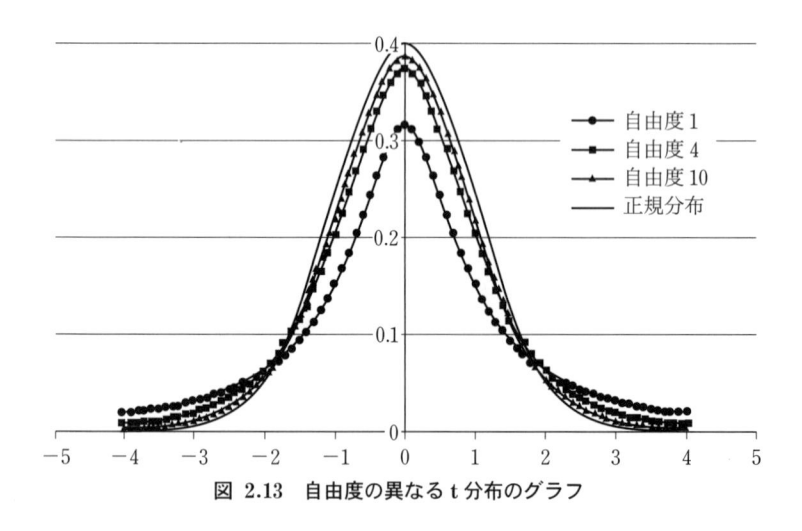

図 2.13 自由度の異なる t 分布のグラフ

t 分布は正規分布に比べて,すそが広がっている.自由度 n が大きくなると次第に正規分布に近づく.

c. Excel の関数と計算例

t 分布の確率計算は TDIST 関数を使い,指定により片側確率あるいは両側確率が求まる.

上側確率:$\Pr(c \leqq t) = \text{TDIST}(c, n, 1)$

自由度 7 の t 分布では

$\Pr(2.3 \leqq t) = \text{TDIST}(2.3, 7, 1) = 0.027495548$

両側確率:$\Pr(c \leqq |t|) = \text{TDIST}(c, n, 2) = 2\Pr(c \leqq t)$

自由度 7 の t 分布では

$\Pr(2.3 \leqq |t|) = \text{TDIST}(2.3, 7, 2) = 0.054991095$

自由度 n の t 分布の両側 $100\alpha\%$ 点 $t_n(\alpha)$ は TDIST 関数の両側分布の逆関数である TINV 関数で求められる.

両側 $100\alpha\%$ 点 $t_n(\alpha)$ は

$t_n(\alpha) = \text{TINV}(\alpha, n)$

両側 5% 点(上側 2.5% 点)は

$t_7(0.05) = \text{TINV}(0.05, 7) = 2.36462256$

である.

上側 $100\alpha\%$ 点 $t_n(\alpha)$ は

$t_n(\alpha) = \text{TINV} t_n(2\alpha, n)$

上側 5% 点は

$t_7(0.05) = \text{TINV}(0.1, 7) = 1.894577508$

となる.

2.6.3 F 分 布

a. F 分布

1) 確率変数 $X_{11}, \cdots, X_{1n_1}$ は正規分布 $N(\mu_1, \sigma^2)$ に,$X_{21}, \cdots, X_{2n_2}$ は正規分布 $N(\mu_2, \sigma^2)$ に従う互いに独立な確率変数とする.また,

$$\bar{X}_1 = \frac{1}{n} \sum_{i=1}^{n_1} X_{1i}, \quad S_1^2 = \frac{1}{n_1 - 1} \sum_{i=1}^{n_1} (X_{1i} - \bar{X}_1)^2$$

$$\bar{X}_2 = \frac{1}{n} \sum_{i=1}^{n_2} X_{2i}, \quad S_2^2 = \frac{1}{n_2 - 1} \sum_{i=1}^{n_2} (X_{2i} - \bar{X}_2)^2$$

とするとき,標本分散の比

$$F = \frac{S_1^2}{S_2^2} \tag{2.12}$$

は自由度 (n_1-1, n_2-1) の **F 分布**に従う.

b. F 分布のグラフ

図 2.14 に F 分布のグラフを示す.

図 2.14 自由度の異なる F 分布のグラフ

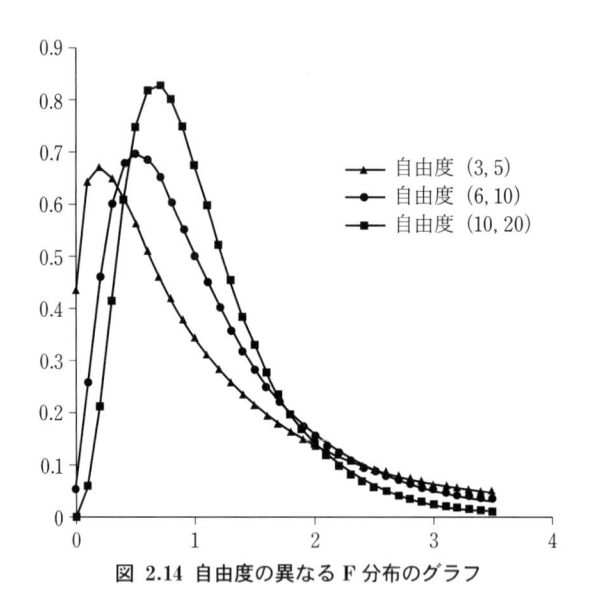

c. Excel の関数と計算例

F 分布の確率計算は FDIST 関数で，上側確率が求まる．
$$\Pr(c \leq F) = \text{FDIST}(c, n_1, n_2)$$
である．

自由度 $(2, 6)$ の F 分布において
$$\Pr(1.3 \leq F) = \text{FDIST}(1.3, 2, 6) = 0.33959274$$
である．

F 分布の上側 $100\alpha\%$ 点 $F_{n_1, n_2}(\alpha)$ は FINV 関数で求まる．
$$F_{n_1, n_2}(\alpha) = \text{FINV}(\alpha, n_1, n_2)$$

自由度 $(2, 6)$ の F 分布において上側 5% 点は
$$F_{2,6}(0.05) = \text{FINV}(0.05, 2, 6) = 5.143249382$$
$$F_{2,6}(0.3395927) = \text{FINV}(0.3395927, 2, 6) = 1.300000108$$

2.6.4 自 由 度

標本の大きさ n の標本には n 個のデータがあり，n の**自由度**があるという．分散を求めるための偏差 $X_1 - \bar{X}$, $X_2 - \bar{X}$, $\cdots$, $X_n - \bar{X}$ の計算に対して，n 個のうち，はじめの $n-1$ 個は自由であるが，残りの1個は，全偏差の合計がゼロ（$\sum(X_i - \bar{X}) = 0$）にならなければならないという制約のため自由な値をとることができない．したがって，自由に決められる個数は $n-1$ となる．一般に n 個のデータがあり，そのうち k 個の条件が課せられたとすると $n-k$ 個が自由となる．このように自由に値が決められる個数を自由度という．

2.7 標準誤差と標準偏差

分散 σ^2 の正の平方根を $SD=\sqrt{\sigma^2}=\sigma$ とおき，標準偏差という．標準偏差はデータのばらつきを表したものであり，データと同じ単位をもつ．

これに対し，平均値のばらつき（標準偏差）を標準誤差といい，SE 書く．標準誤差と標準偏差との間には

$$SE = SD/\sqrt{n} \tag{2.13}$$

の関係にあり，平均値のばらつきは元のデータのばらつきの $1/\sqrt{n}$ だけ小さくなっている．

演習問題

2.1 サイコロを 10 回振ったときに 1 の目が 0〜10 回出る確率をそれぞれ Excel を用いて計算し，また，そのグラフを描け．

【解 答】

二項分布である．$p=1/6$，$n=10$ であるから BIOMIDIDT$(X, 10, 1/6, 0)$

X	p
0	0.161505583
1	0.323011166
2	0.290710049
3	0.15504536
4	0.054265876
5	0.01302381
6	0.002170635
7	0.000248073
8	1.86054E−05
9	8.26909E−07
10	1.65382E−08

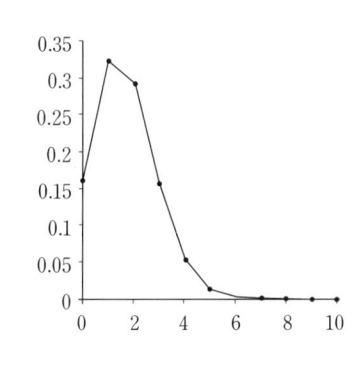

2.2 $n=15$ のときに，の値をいろいろ変えた場合の二項分布はどうなるか，Excel を用いて計算し，また，そのグラフを描け．

【解 答】

略

2.3 薬の副作用の発生確率が 1/500 の薬を 10,000 人が服用したとき，30 人以上に副作用が出る確率を求めよ．

【解 答】

p が小さく，n が大きいのでポアソン分布として，$\lambda = np = 0.002 \times 10{,}000 = 20$

POISSON$(30, 20, 1) = 0.978182$ で29人以下の累積確率が求まる．30人以上は $1 - 0.978182 = 0.012$　したがって，答　0.012

2.4 飛行機事故の確率が$1/10$万，飛行機搭乗回数を8,000回としたとき，一度も事故にあわない確率を求めよ．

【解　答】

λ が小さく，n が大きいのでポアソン分布として，$\lambda = np = (1/100,000) \times 8,000 = 0.08$

POISSON$(0, 0.08, 0) = 0.923116346$　　　答　0.923

2.5 確率変数 Z が標準正規分布 $N(0,1)$ に従うとき，次の値を求めよ．
1) $P(0 < Z < 1.64)$,　　2) $P(1.2 < Z < 2.56)$,　　3) $P(-1.33 < Z < 2)$,
4) $P(0.56 < Z)$,　　5) $P(-0.98 < Z)$,　　6) $P(Z < 1.89)$

【解　答】

1) $P(Z < 1.64) - P(Z < 0)$ を求める．NORMSDIST(1.64) − NORMSDIST$(0) = 0.449$

2) NORMSDIST(2.56) − NORMSDIST$(1.2) = 0.1098$

3) NORMSDIST(2) − NORMSDIST$(-1.33) = 0.885$

4) $1 - P(Z < 0.56)$ を求める．NORMSDIST$(0.56) = 0.7122$, $1 - 0.7122 = 0.2877$

5) NORMSDIST$(-0.98) = 0.1635$, $1 - 0.1635 = 08364$

6) NORMSDIST$(1.89) = 0.9706$

2.6 確率変数 Z が標準正規分布 $N(0,1)$ に従うとき，次の確率が与えられるような z の値を求めよ．
1) $P(0 < Z < z) = 0.3770$,　　2) $P(Z < z) = 0.8621$
3) $P(-1.5 < Z < z) = 0.0266$,　　4) $P(|Z| < z) = 0.90$,
5) $P(Z > z) = 0.01$

【解　答】

1) $0.3770 + 0.5 = 0.877$．下側確率 0.877 点．NORMSINV$(0.877) = 1.1602$)

2) 下側確率 0.8621 の点である．NORMSINV$(0.8621) = 1.0898$

3) $P(-1.5 < Z)$ に 0.0266 を加え，下側確率 0.0934　NORMSINV$(0.0934) = -1.320$

4) $|Z| < z$ の外側 $|Z < -z, z < Z$ の確率が 0.10．下側確率 0.05 の点を求める．NORMSINV$(0.05) = -1.644$

5) 上側確率 0.01 の点であるから，下側確率 0.99 の点である．NORMSINV$(0.99) = 2.326$

Topic：標準偏差（**SD**）と標準誤差（**SE**）との使い分け

標本平均 $\bar{X}$ の分布は正規分布 $N\left(\mu, \dfrac{\sigma^2}{n}\right)$ となることを 2.4 で示した．これは母分散 μ を推定するのに $\bar{X}$ を用いたとき，そのばらつきの程度，すなわち，標準偏差は $\sqrt{\sigma^2/n}$ となることを示している．この推定における標準偏差を標準誤差と呼び，SE と表す標準誤差は式（2.13）より標準偏差 σ を $\sqrt{n}$ で割っているので，標準偏差より小さくなる．

測定値のばらつきの程度を表現したい場合には，SD を用いる．その際，平均±SD よりも平均±$1.96SD$ あるいは平均±$2SD$ で示しておくと，測定値のおおよそ 95% がその幅の中にあるということを意味するので，分布の把握がしやすい．ある集団の体重を調べた場合の分布を知りたい場合などには平均と SD を用いた方がよい．

平均±SE が示そうとしているのは，標本の平均のありそうな範囲であり，平均の推定精度を示したい場合に用いる．標準偏差は生データのばらつきを示す値であって，n に依存しない．標準誤差は平均値の信頼性を示す値なので，一般には n を大きくすれば小さくできる値である．そのため標準誤差を示すときには n の値も明記しなければならない．

SD を用いる場合にはデータが正規分布していることが前提である．正規分布していないデータには，中央値，四分位範囲，最頻値，範囲などで表すのがよい．SE については平均値の分布は n がある程度大きくなれば正規分布となるため，SE の使用にはついては，分布にとらわれることなく用いてよい．

3 母集団についての推定

2章で学んだ標本平均の分布を利用して，3章では母集団について母平均や母比率を推定する方法を学ぶ．

3.1 点推定と区間推定

医薬品の添付文書や臨床試験論文には，その医薬品の有効率や治療効果の大きさを表す数値，副作用の発現率が記載されている．

これら医薬品の治療効果の大きさを表す数値，有効率，副作用発現率は，臨床試験や副作用特別調査という標本で得られた標本平均や標本比率である．この標本平均や標本比率から，その臨床試験や副作用調査に参加しなかった患者も含む母集団の母平均や母比率を推定する．この推定の方法に点推定と区間推定がある．

母平均や母比率を標本平均や標本比率と等しいものとして母平均，母比率を推定することを**点推定**という．

【例 3.1】 高コレステロール血症改善薬リピトール（一般名：アトルバスタチン）の添付文書[1]には，血清総コレステロール値が 220 mg/L 以上の成人を対象とした臨床試験成績が記載されている．それによると，リピトール錠 10 mg を 1 日 1 回投与した 51 人の被験者について，12 週間投与後の血清総コレステロール値の低下は平均 30%，被験者の血清総コレステロール値が 220 mg/L 未満に減少した割合は 72.5% である．この臨床試験成績から，血清総コレステロール値が 220 mg/L 以上の成人がリピトール錠 10 mg を 1 日 1 回服用するとき，血清総コレステロール値が 30% 低下し，血清総コレステロール値を 220 mg/L 未満にコントロールできる割合が 72.5% と期待するのは点推定である．

【例 3.2】 抗悪性腫瘍剤イレッサ（一般名：ゲフィチニブ）の添付文書[2]には，他の抗悪性腫瘍剤で効かない手術不能な非小細胞性肺がん患者を対象とした臨床試験において，イレッサによる治療で 27.5% 奏効したと記載されている．ここで奏効というのは，がんの大きさが 50% 以上縮小し 4 週間以上継続したという意味である．市販後に急性肺障害・間質性肺炎という重篤な副作用も発現した

が，その発現率は副作用特別調査で 5.8% である．臨床試験成績からイレッサを他の抗悪性腫瘍剤で効かない手術不能な非小細胞性肺がんの患者の治療に使用するとき，27.5% の患者に奏効し，副作用調査から 5.8% の患者に急性肺障害・間質性肺炎という副作用が発現の危険性があるとするのは点推定である．

臨床試験の治療効果を表す数値や有効率，副作用調査の副作用発現率はもう一度試験や調査を実施するとき，同じ成績となるとは限らない．標本は母集団の一部分であり，標本平均や標本比率は標本によって異なる値をとるからである．標本平均や標本比率は母平均や母比率のまわりに標準誤差という広がりをもって分布する．したがって，点推定による予測は「近い」とはいえても，いつも「当たっている」とはいえない．

しかし「近い」のだから母平均・母比率を点でなく，母平均・母比率が存在する区間で推定すると「当たっている」確率は大きい．母平均・母比率を標本平均・標本比率から区間で推定することを**区間推定**という．

3.2 95% 信頼区間（母平均，母比率）

3.2.1 標本が大きいときの 95% 信頼区間

a. 母平均の 95% 信頼区間

標本が大きければ，標本平均 $\bar{X}$ の分布は母平均 μ を中心とし，標準誤差 SE を広がりとする正規分布に近づく．標本が十分大きく正規分布とみなしてよいとすると，図 3.1 のように，次の不等式

$$\bar{X} - 1.96\, SE \leq \mu \leq \bar{X} + 1.96\, SE$$

で示される区間が母平均 μ の値を含むことが，約 95% の確からしさで期待できる．この区間を**母平均の 95% 信頼区間**といい，次のように表す．

$$(\bar{X} - 1.96\, SE,\ \bar{X} + 1.96\, SE) \tag{3.1}$$

この区間が約 95% の確からしさで母平均 μ の値を含むことは，次のようにして導かれる．

標本平均 $\bar{X}$ の分布は母平均 μ を中心とし，標準誤差 SE を広がりとする正規

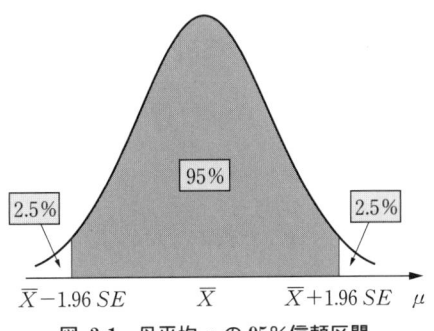

図 3.1 母平均 μ の 95%信頼区間

分布なので，式(3.2)

$$Z = \frac{\bar{X} - \mu}{SE} \tag{3.2}$$

は標準正規分布 $N(0, 1)$ に従う．

標準正規分布において**上側累積確率**が 2.5%（下側累積確率が 97.5%）になる Z の値を上側 2.5% 点，**下側累積確率**が 2.5% になる Z の値を下側 2.5% 点という．

標準正規分布の上側 2.5% 点は 1.96，下側 2.5% 点は -1.96 であるから，Z が -1.96 と 1.96 の間にあるのは，図 3.2 のように，約 95% である．

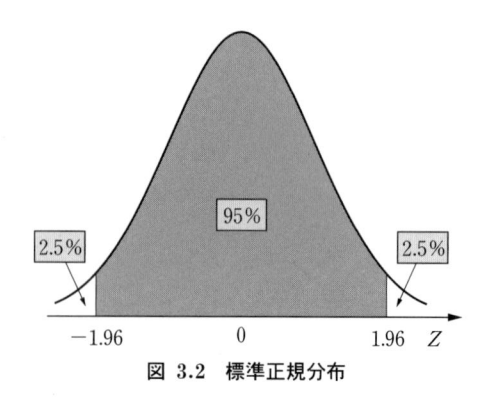

図 3.2 標準正規分布

すなわち

$$P(-1.96 \leq Z \leq 1.96) \cong 0.95$$

式(3.2)を代入すると

$$P(\mu - 1.96\, SE \leq \bar{x} \leq \mu + 1.96\, SE) \cong 0.95 \tag{3.3}$$

式(3.3)は，図 3.3 のように，標本平均 $\bar{x}$ が母平均 μ を中心とし，標準誤差 SE の 1.96 倍の範囲に約 95% の確率で存在することを示している．

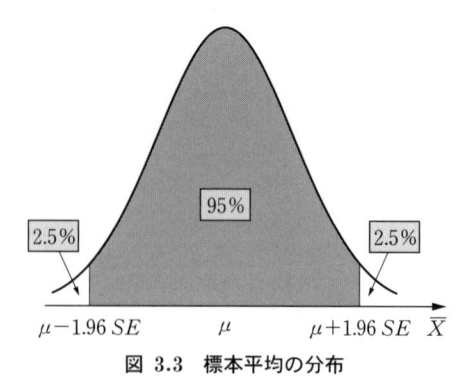

図 3.3 標本平均の分布

式(3.3)の（ ）の中の不等式を変形すると，次式のようになる．

$$P(\bar{X} - 1.96\, SE \leq \mu \leq \bar{X} + 1.96\, SE) \cong 0.95$$

したがって，式(3.1)で示される区間が母平均 μ の値を含むことが，約 95%

の確からしさで期待できる．

【例 3.3】 リピトールの血清総コレステロール値が 220 mg/L 以上の成人を対象とした臨床試験[3]によると，リピトール錠 10 mg を投与した 51 人の被験者について，12 週間投与後の血清総コレステロール値の低下は平均 30%，標準偏差は 9.0% であった．この試験成績から血清総コレステロール値 220 mg/L 以上の成人がリピトール錠 10 mg を服用するとき，12 週間後に血清総コレステロール値が何% 低下するか 95% 信頼区間を用いて推定する．

〈考え方〉

標本の大きさ：$n=51$

標準誤差：$SE=9.0/\sqrt{51}=1.26$

これより

母平均の 95% 信頼区間：$(30.0-1.96\times1.26,\ 30.0+1.96\times1.26)$

すなわち，$(27.5, 32.5)$ となる．ただし 単位は % である．

したがって，この臨床試験成績から，血清総コレステロール値 220 mg/L 以上の成人がリピトール錠 10 mg を服用するとき，12 週間後に血清総コレステロール値が 27.5% から 32.5% 低下することが 95% の確かさで期待できる．

b. 母比率の 95% 信頼区間

大きさ n の標本で母比率 p の事象が起きる発現数 x は二項分布 $B(n, p)$ である．二項分布は np が大きいとき正規分布で近似できる．標本比率 $R=x/n$ は $SE=\sqrt{\dfrac{R(1-R)}{n}}$ を広がりとする正規分布で近似できるから，**母比率の 95% 信頼区間**は

$$(R-1.96\,SE,\ R+1.96\,SE) \tag{3.4}$$

と区間推定できる．

【例 3.4】 リピトールの血清総コレステロール値が 220 mg/L 以上の成人を対象とした臨床試験によると，リピトール錠 10 mg を投与した 51 人の被験者について，12 週間投与後の血清総コレステロール値が 220 mg/L 以下に低下した被験者の割合は 72.5% であった．この試験成績から血清総コレステロール値 220 mg/L 以上の成人がリピトール錠 10 mg を服用するとき，12 週間後に血清総コレステロール値が 220 mg/L 以下に低下する割合について 95% 信頼区間を用いて推定する．

〈考え方〉

標準誤差：$SE=\sqrt{\dfrac{0.725\times(1-0.725)}{51}}=0.0625$

母比率の 95% 信頼区間：$(0.725-1.96\times0.0625,\ 0.725+1.96\times0.0625)$

すなわち，$(0.602, 0.848)$ となる．

したがって，血清総コレステロール値 220 mg/L 以上の成人がリピトール錠 10 mg を服用するとき，12 週間後に血清総コレステロール値が 220 mg/L 以下に低下する割合は 60.2% から 84.8% であることが 95% の確かさで期待できる．

【例 3.5】 イレッサの市販後は急性肺障害・間質性肺炎という重篤な副作用も発現したが，その発現率は副作用特別調査で 5.8% である．この調査の標本の大きさは $n=3322$ である．この調査から，イレッサで治療するとき，何% の急性肺障害・間質性肺炎が発現する危険性が予想されるか 95% 信頼区間を用いて推定する．

〈考え方〉

標準誤差：$SE = \sqrt{\dfrac{0.058 \times (1-0.058)}{3322}} = 0.00405$

母比率の 95% 信頼区間：$(0.058 - 1.96 \times 0.00405,\ 0.058 + 1.96 \times 0.00405)$
すなわち，$(0.050, 0.066)$ となる．

したがって，イレッサで治療するとき，5.0% から 6.6% の急性肺障害・間質性肺炎が発現する危険性があることが 95% の確かさで予想される．

3.2.2 標本が小さいときの 95% 信頼区間

これまで，標本の大きさが十分大きく，標本平均・標本比率の分布が正規分布するとして 95% 信頼区間を推定した．しかし，リピトールやイレッサの臨床試験の標本の大きさ $n=51$ は十分大きいとはいえないかもしれない．そこで，次に標本の大きさが小さいときの 95% 信頼区間を推定する．

a. 母平均の 95% 信頼区間

母集団のデータが正規分布に従うとき，その母集団から無作為抽出した標本の標本平均の広がりは標本標準誤差である．これは標本の標準偏差から求めたもので，母標準偏差とは異なる．このとき標準平均の分布は自由度 $\nu = n-1$ の t 分布になる．この t 分布は正規分布に似ているが，それより広がりが大きい．n が大きくなると t 分布は正規分布に近づく．

t 分布は左右対称なので自由度 ν の t 分布の上側 2.5% 点を $t(\nu, 0.025)$ とすると，下側 2.5% 点は $-t(\nu, 0.025)$ である．

母平均の 95% 信頼区間を与える式 (3.1) は

$$[\bar{X} - t(\nu, 0.025) \times SE,\ \bar{X} + t(\nu, 0.025) \times SE] \tag{3.5}$$

となる．

自由度 ν の **t 分布の上側 2.5% 点** $t(\nu, 0.025)$ は Excel の関数 TINV（両側確率, ν）から求められる．**両側確率**は上側累積確率と下側累積確率を加えた確率である．

3　母集団についての推定

【例3.6】 リピトールの血清総コレステロール値が 220 mg/L 以上の成人を対象とした臨床試験によると，リピトール錠 10 mg を投与した 51 人の被験者について，12 週間投与後の血清総コレステロール値の低下は平均 30%，標準偏差は 9.0% であった．この試験成績から血清総コレステロール値 220 mg/L 以上の成人がリピトール錠 10 mg を服用するとき，12 週間後に血清総コレステロール値が何% 低下するか 95% 信頼区間を用いて推定する．

〈考え方〉
標本の大きさ：$n=51$
自由度：$\nu=51-1=50$
t 分布の上側 2.5% 点：TINV$(0.05, 50)=2.01$
標本標準誤差：$SE=9.0/\sqrt{51}=1.26$
母平均の 95% 信頼区間：$(30.0-2.01\times1.26, \ 30.0+2.01\times1.26)$
すなわち，$(27.5, 32.5)$ となる．ただし単位は % である．

したがって，この臨床試験成績から，血清総コレステロール値 220 mg/L 以上の成人がリピトール錠 10 mg を服用するとき，12 週間後に血清総コレステロール値が 27.5% から 32.5% 低下することが 95% の確かさで期待できる．

これは例 3.3 で正規分布であるとして求めた推定値と小数点 1 桁で一致する．このように，標本の大きさ $n=51$ では正規分布で求めても t 分布で求めてもほとんど変わりはない．

b. 母比率の 95% 信頼区間

標本の大きさ n が小さく，np が小さいときは二項分布を正規分布で近似することに無理が生ずる．そのため**母比率の 95% 信頼区間は二項分布の累積確率**から直接求める．事象の発現数 x の二項分布 $B(n, p)$ の累積確率は Excel の関数 BINOMDIST(x, n, p, TRUE) から求められる．

【例3.7】 リピトールの血清総コレステロール値が 220 mg/L 以上の成人を対象とした臨床試験によると，リピトール錠 10 mg を投与した 51 人の被験者について，12 週間投与後の血清総コレステロール値が 220 mg/L 以下に低下した被験者の割合は 72.5% であった．この試験成績から血清総コレステロール値 220 mg/L 以上の成人がリピトール錠 10 mg を服用するとき，12 週間後に血清総コレステロール値が 220 mg/L 以下に低下する割合について二項分布から 95% 信頼区間を推定する．

〈考え方〉
220 mg/L 以下に低下した被験者数：$51\times0.725=37$
例 3.4 で正規分布に近似させて求めた 95% 信頼区間は 60.2% から 84.8% である．累積確率は

BINOMDIST (37, 51, 0.848, TRUE) = 0.0175

BINOMDIST (37, 51, 0.602, TRUE) = 0.9764

と 2.5%, 97.5% からわずかに異なる．

累積確率が 2.5%, 97.5% になる母比率 p の推定値をいくつかの候補に対する試行錯誤で求めることになる．Excel には試行錯誤で最適値を計算する「**ゴールシーク**」があるのでそれを利用する．

例えば，A 1 セルに母比率 p の候補値，A 2 セルに関数と引数の値を

=BINOMDIST($x, n,$ A 1, TRUE)

と入力し，「ゴールシーク」を選択，目標値を 0.025，変化させるセルを \$A\$1 と絶対参照で指定して実行すると，累積確率が 0.025 となる 95% 信頼区間上限の母比率 p が求められる．

目標値を 0.975 として同様に「ゴールシーク」を実行すると，累積確率が 0.975 となる 95% 信頼区間下限の母比率 p が求められる．

なお「ゴールシーク」は Excel 2003 までは「ツール」の中にあったが，Excel 2007 からリボン：「データ」タブ→「データツール」グループの「What-If 分析」の中にある．

95% 信頼区間上限：BINOMDIST (37, 51, 0.841, TRUE) = 0.025

95% 信頼区間下限：BINOMDIST (37, 51, 0.604, TRUE) = 0.975

となるから，95% 信頼区間は (0.604, 0.841) である．

したがって，血清総コレステロール値 220 mg/L 以上の成人がリピトール錠 10 mg を服用するとき，12 週間後に血清総コレステロール値が 220 mg/L 以下に低下する割合は 60.4% から 84.1% であることが 95% の確かさで期待できる．

二項分布から求めた信頼区間と大きな違いはない．これは np が大きいためである．標本の大きさ n が同じでも np が小さいと違ってくる（演習問題参照）．

【例 3.8】 イレッサの市販後副作用特別調査で急性肺障害・間質性肺炎の発現は 3322 例中 193 例であった．この発現率の 95% 信頼区間を二項分布で推定する．

〈考え方〉

累積確率を与える Excel の関数 BINOMDIST を利用すると，

95% 信頼区間上限：BINOMDIST (193, 3322, 0.067, TRUE) = 0.025

95% 信頼区間下限：BINOMDIST (193, 3322, 0.050, TRUE) = 0.975

となるから，95% 信頼区間は (0.050, 0.067) である．

したがって，イレッサで治療するとき，5.0% から 6.7% の急性肺障害・間質性肺炎が発現する危険性が 95% の確かさで予想される．例 3.5 で正規分布に近似させて求めた信頼区間は 5.0% から 6.6% であった．

母比率 p は小さいが，標本の大きさ n が大きく，np が大きいので，正規分布で求めても二項分布から求めた信頼区間とほとんど変わりはない．

演習問題

3.1 ドリエルは抗ヒスタミン薬ジフェンヒドラミン塩酸塩の副作用である眠気を利用した一般向け医薬品の睡眠改善薬として承認販売されている．ドリエルに関する臨床薬理試験[4]では中枢鎮静作用により断続的眼球運動最大速度（SPV）が低下することを利用して睡眠改善を客観的に評価している．65歳以上の健康男性8人を対象とした臨床試験によると，ドリエル服用時のSPVはプラセボ服用時と比較したところ，標本標準偏差は$SD=8.59$で変化率の平均は-20.95%あった．この試験成績から65歳以上の健康男性がドリエルを服用するとき，SPVが何％低下するか95％信頼区間を用いて推定せよ．正規分布を用いた推定とt分布を利用した推定をせよ．標本の大きさ$n=8$では正規分布を用いた推定で十分か？

【解　答】
　正規分布で推定した95％信頼区間：$15.0\% \sim 26.9\%$
　t分布で推定した95％信頼区間：$13.8\% \sim 28.1\%$
　十分とはいえない

3.2 イレッサの添付文書によると，他の抗悪性腫瘍剤で効かない非小細胞性肺がんについての臨床試験において，イレッサによる治療で奏効率27.5％を示した．これは51人の被験者中14人奏効したということである．この成績から奏効率の95％信頼区間を正規近似と二項分布で推定せよ．正規近似を用いた推定で十分か？

【解　答】
　正規分布で推定した95％信頼区間：$15.2\% \sim 39.8\%$
　二項分布で推定した95％信頼区間：$17.5\% \sim 41.7\%$
　十分とはいえない

3.3 イレッサについては他に治療薬がなく，医師・患者から早く使いたいとの声が高く，$n=51$という少ない標本の大きさで承認された．そのため市販後発現した重篤な副作用は承認前の臨床試験では見出されなかった（Topic参照）通常は$n=500$程度である．$n=500$で重篤な副作用が見出されなかったとき市販後，未知・重篤な副作用発現の危険性はあるか？あるとすればその発現率は何％か？

【解　答】
　95％信頼区間上限は0.007となるので，発現率0.7％の未知・重篤な副作用の危険性がある．

Topic：添付文書に記載のない副作用の発現確率

承認前に実施されたイレッサの臨床試験（$n=51$）では急性肺障害・間質性肺炎が認められなか

った．そのため，イレッサの市販直後の添付文書では急性肺障害・間質性肺炎の記載はない．

発現確率 5.8％ の副作用が $n=51$ の標本で発現する確率は二項分布 $B(n, p)$ から求められる．Excel では二項分布の確率を与える関数 BINOMDIST(x, n, p, FALSE) を利用する．

$$\text{BINOMDIST}(0, 51, 0.058, \text{FALSE}) = 0.047$$

すなわち，発現確率 5.8％ の副作用でも，標本の大きさが $n=51$ の臨床試験では副作用が発現しないことが 4.7％ の確率で起きることを示している．

発現確率が 5.8％ であるから，

$$0.058 \times 51 = 2.958 \cong 3$$

となり，3人にその副作用が起きるはずと考えるのは誤りである．

イレッサの臨床試験では，たまたま 4.7％ の確率で起きることが起きてしまったのであろう．このように承認直後の添付文書では承認前の臨床試験の標本の大きさが十分大きくはないので，低い発現確率の副作用は見つけることができず，記載されないことがある．

承認直後の添付文書で記載されていない副作用の発現の危険性は**標本比率 0％ のときの母比率の 95％ 信頼区間**を用いて求めることができる．

例えば，イレッサのときのように $n=51$ の標本比率 0％ のとき，母比率の 95％ 信頼区間の下限は 0％ なので，上限だけを求める．

$$95\% \text{ 信頼区間上限：BINOMDIST}(0, 51, 0.07, \text{TRUE}) = 0.025$$

となるから，95％ 信頼区間は

$$(0, 0.07)$$

つまり，母比率は 0％ から 7％ の間にあることが 95％ の確かさで期待される．

イレッサについては，市販後急性肺障害・間質性肺炎という重篤な副作用が発現し，副作用特別調査が実施され 5.8％ の発現率であることが分かった．この発現確率は標本比率 0％ から推定した母比率の 95％ 信頼区間 0％ から 7％ の範囲内である．

承認前の臨床試験の標本は大きくない．そのため，承認前の臨床試験で発現がゼロの副作用でも市販後たくさんの患者が使用するとき，低い発現率の副作用が発現する危険性がある．市販直後の添付文書では重篤な副作用の記載がなくても，発現率の低い未知・重篤な副作用が隠れている危険性がある．その危険性は承認前の標本の大きさから 95％ 信頼区間を用いて予想できる．

引用文献

1) リピトール錠 10 mg 添付文書，アステラス製薬（2006）．
2) イレッサ錠 250 添付文書，アストラゼネカ（2007）．
3) 中村治雄，他，*Prog. Med.*, **18**(7), 1690〜1723 (1998).
4) 黒沢顕三，他，臨床薬理，**37**(5), 283〜290 (2006).

4 統計的仮説検定

医薬品はその医薬品を使用した治療が有効であることが臨床試験で検証されてはじめて承認され市販される．試験データから治療が有効であることの統計的検証は**統計的仮説検定**によって行われる．このため，医薬品の添付文書や臨床試験論文には統計的仮説検定を使った記述が随所に見られる．そこで多く使われる母平均の差の検定や母比率の差の検定は 5 章以降に学ぶ．4 章では母平均がゼロではないという仮説を検証する場合について統計的仮説検定の考えかたを学ぶ．

4.1 帰無仮説の概念，対立仮説，p 値

統計的仮説検定では帰無仮説と対立仮説を考える．

例えば，実験・試験・調査で標本平均 $\bar{X}$ が得られたとき，母平均 μ はゼロであるという仮説

$$\mu = 0 \tag{4.1}$$

を考える．母平均がゼロでも標本平均は標準誤差というばらつきをもつのでゼロとはかぎらない．標本平均 $\bar{X}$ がゼロでないのは，このばらつきのためであると考える．これを**帰無仮説**という．

帰無仮説式(4.1) に対し，母平均がゼロでないという仮説

$$\mu \neq 0 \tag{4.2}$$

を考える．

標本平均 $\bar{X}$ がゼロでないのはばらつきのためでなく，母平均 μ がゼロでないからであるという仮説である．これを**対立仮説**という．

帰無仮説が正しいとしても，図4.1のように，標本平均 $\bar{X}$ は母平均 μ のまわりに標本標準誤差 SE で分布している．

検定統計量として

$$t = \frac{\bar{X} - \mu}{SE} \tag{4.3}$$

を考える．

標本の大きさを n とすると検定統計量 t は自由度 $\nu = n-1$ の t 分布に従う．したがって，標本平均 $\bar{X}$ が母平均 μ からばらつきによって $|\bar{X} - \mu|$ 以上離れた値をとる確率は，自由度 $\nu = n-1$ の t 分布の両側確率となる．

図 4.1 標本平均の分布

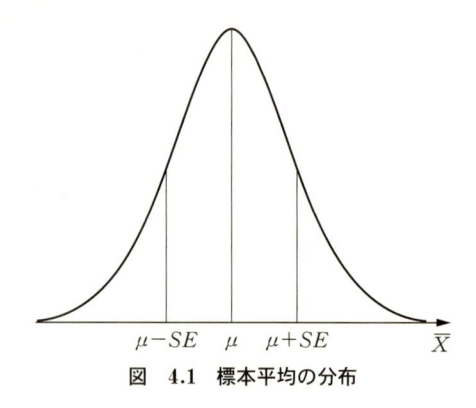

このように，実験・試験・調査結果が帰無仮説から離れた値をとる確率を **p 値**という．

p 値は Excel の t 分布の確率を与える関数 TDIST$(t, \nu, 2)$ から求められる．

【例 4.1】 リピトールの血清総コレステロール値が 220 mg/L 以上の成人を対象とした臨床試験成績[1]によると，リピトール錠 2.5 mg 1 日 1 回夕食後に 12 週間投与した後の 52 人の被験者の血清総コレステロール値の低下率の平均は 20%，その標準偏差は 8.5% であった．この試験成績から，血清総コレステロール値が 220 mg/L 以上の成人にリピトール錠 2.5 mg を 1 日 1 回夕食後に 12 週間投与した後，血清総コレステロール値は低下しているといえるかどうか統計的仮説検定で判定する．

〈考え方〉

帰無仮説は

「血清総コレステロール値が 220 mg/L 以上の成人にリピトール錠 2.5 mg を 1 日 1 回夕食後に 12 週間投与した後，血清総コレステロール値の変化量の母平均はゼロ」

対立仮説は

「血清総コレステロール値が 220 mg/L 以上の成人にリピトール錠 2.5 mg を 1 日 1 回夕食後に 12 週間投与した後，血清総コレステロール値の変化量の母平均はゼロではない」

として，統計的仮説検定で判定する．

標本標準誤差 SE は

$SE = 8.5/\sqrt{52} = 1.18$

したがって，検定統計量 t と p 値は

$t = 20.0/1.18 = 16.95$

$p = \text{TDIST}(16.95, 51, 2) = 1.3 \times 10^{-22}$

となる．

この確率はほとんど起こり得ないと考えられるほど小さい確率である．帰無仮

説を棄却（否定）し対立仮説を正しいと判定することに誰しも異論はないであろう．

対立仮説が正しいのだから，220 mg/L 以上の成人にリピトール錠 2.5 mg を 1 日 1 回夕食後に 12 週間投与した後は血清総コレステロール値の変化量の母平均はゼロではない．臨床試験成績で血清総コレステロール値は低下しているので，220 mg/L 以上の成人にリピトール錠 2.5 mg を 1 日 1 回夕食後に 12 週間投与した後血清総コレステロール値は低下すると判定する．

【例 4.2】 リピトールの臨床試験[1]では，リピトール投与を終了した後もリピトールの影響が残っているかどうかをみるため，引き続きプラセボを 8 週間投与している．プラセボ投与 8 週間後の 41 人の被験者の血清総コレステロール値の低下率の平均は 2%，その標準偏差は 7.8% であった．この臨床試験成績から 220 mg/L 以上の成人にリピトール錠 2.5 mg を 1 日 1 回夕食後に 12 週間投与した後投与をやめても 8 週間はリピトールの影響が残っているといえるかどうか統計的仮説検定で判定する．

〈考え方〉

帰無仮説は

「プラセボ 8 週間投与後にはリピトールの影響が残っていないため，血清総コレステロール値の変化量の母平均はゼロ」

対立仮説は

「プラセボ 8 週間投与後もリピトールの影響が残っているため，血清総コレステロール値の変化量の母平均はゼロではない」

として，統計的仮説検定で判定する．

標本標準誤差 SE は

$$SE = 7.6/\sqrt{41} = 1.19$$

検定統計量 t と p 値は

$$t = 2.0/1.19 = 1.68$$

$$p = \text{TDIST}(1.68, 40, 2) = 0.10$$

となる．

標本平均が 2% ということは帰無仮説が正しく，母平均がゼロであるにもかかわらずばらつきによって 10% の確率で起きる．この 10% という確率はほとんど起こり得ないと考えられるほど小さくはない．したがって帰無仮説を否定できない．

帰無仮説を否定できないということは，帰無仮説が正しいということではない．帰無仮説が正しいのか対立仮説が正しいのか判定できないということである．

統計的仮説検定は帰無仮説を棄却（否定）し，対立仮説を正しいとするための検定方法である．帰無仮説を否定できないとき判定は保留される．

220 mg/L 以上の成人にリピトール錠 2.5 mg を 1 日 1 回夕食後に 12 週間投与した後投与をやめても 8 週間はリピトールの影響が残っているかどうかについては，この臨床試験成績からは判定できないということになる．

4.2 有意水準と有意確率

例 4.2 において，血清総コレステロール値の平均 2% の低下の p 値は 0.10 であるから帰無仮説は否定できないとした．しかし，10% という確率は十分小さく，帰無仮説は否定できると考える人もいるかもしれない．どのくらいの確率なら帰無仮説を否定できるかの基準を**有意水準**という．

有意水準は試験・実験・調査前の計画時に決めておく．試験や実験から標本平均や p 値が分かってから決めると判定に客観性が失われる．

医薬品の有効性を検証する臨床試験のように，統計的仮説検定が医薬品の承認に関わるときは共通な基準が必要になる．そのため「臨床試験のための統計的原則」（厚生省課長通知，1998 年 11 月 30 日施行）では有意水準を **5%** としている．

統計的仮説検定で帰無仮説を否定できるとき**有意である**といい，否定できないとき**有意でない**という．医薬品の添付文書の臨床成績や臨床試験論文で，「その薬物の治療効果が有意に認められた」という文章をよく見る．その臨床試験の帰無仮説は「その薬物の治療効果がない」というもので，対立仮説は「その薬物の治療効果がある」というものである．「その薬物の治療効果が有意に認められた」というのは，臨床試験成績についての統計的仮説検定の結果，帰無仮説が否定され対立仮説が正しいと判定されたという意味である．

統計的仮説検定は帰無仮説を否定し対立仮説を正しいとするための検定方法で，帰無仮説が否定できないときは判定が保留されるだけである．判定できるのは p 値が有意水準より小さいときのみである．このように p 値によって有意であるか有意でないか決まるので，p 値は**有意確率**とも呼ばれる．

有意水準 5% の統計的仮説検定は式 (4.3) の検定統計量 t から判定することもできる．図 4.2 のように，t 分布の上側 2.5% 点 $t(\nu, 0.025)$ は上側累積確率が 2.5% となり，$-t(\nu, 0.025)$ は下側累積確率が 2.5% となる．$t(\nu, 0.025)$ を有意水準 5% の**棄却限界値**といい，式 (4.3) で求めた検定統計量 t の絶対値が棄却限界値より大きければ，p 値は 5% より小さく，検定は有意となる．図 4.2 で黒い範囲を有意水準 5% の**棄却域**という．検定統計量 t がこの棄却域に入れば検定は有意である．

有意水準 5% の棄却限界値 $t(\nu, 0.025)$ は Excel の関数 TINV$(0.05, \nu)$ から求められる．

例 4.1 の有意水準 5% の棄却限界値は
$$t(51, 0.025) = 2.01$$

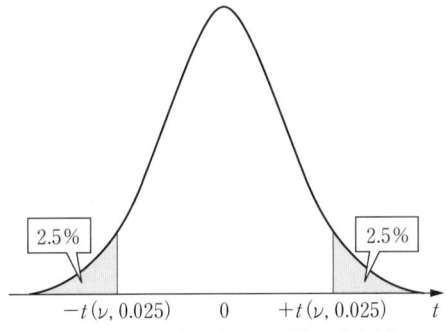

図 4.2　t 分布と棄却限界値・棄却域

検定統計量は

$t = 16.95$

$t = 16.95 > 2.01$

したがって，例 4.1 のリピトール錠 2.5 mg 12 週間投与後の血清総コレステロール値低下は有意である．

有意水準 5% の棄却限界値 $t(\nu, 0.025)$ を用いると，母平均の 95% 信頼区間は式 (3.5) から

95% 信頼区間上限：$20.0 + 2.01 \times 1.18 = 22.4$

95% 信頼区間下限：$20.0 - 2.01 \times 1.18 = 17.6$

と求められる．この信頼区間は帰無仮説 $\mu = 0$ を含まない．

これを図 4.3 に示した．統計的仮説検定において 5% の有意水準で有意なとき，図のように帰無仮説は母数の 95% 信頼区間に含まれない．

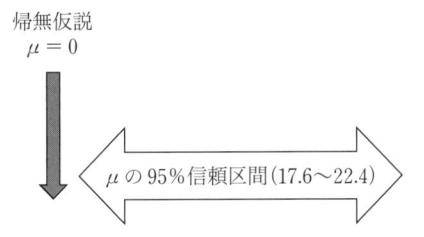

図 4.3　有意なときの帰無仮説と 95% 信頼区間

例 4.2 について，棄却限界値と検定統計量は

$t(40, 0.025) = 2.02$

$t = 1.68$

$t = 1.68 < 2.02$

したがって，例 4.2 のプラセボ 8 週間投与後の血清総コレステロール値低下は有意ではない．

母平均の 95% 信頼区間は式 (3.5) から

95% 信頼区間上限：$2.0 + 2.02 \times 1.19 = 4.4$

95% 信頼区間下限：$2.0 - 2.02 \times 1.19 = -0.4$

と求められる．この信頼区間は帰無仮説 $\mu = 0$ を含む．これを図 4.4 に示した．

帰無仮説
$\mu = 0$

↓

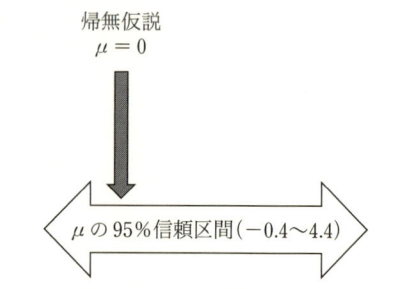

⟨──── μの95％信頼区間（−0.4〜4.4）────⟩

図 4.4　有意でないときの帰無仮説と 95％信頼区間

　一般に統計的仮説検定において 5％ の有意水準で有意でないとき，図のように帰無仮説は母数の 95％ 信頼区間に含まれる．

　母平均について 95％ 信頼区間を推定することと，5％ の有意水準で統計的仮説検定を実施することとは同じことである．しかし，5％ の有意水準で母平均について統計的仮説検定を実施して有意か有意でないか示すよりも，母平均の 95％ 信頼区間を推定して示したほうがより多くの情報を与えることになる．

　そのため，臨床試験論文では 95％ 信頼区間の推定値と p 値を示すことが多い．95％ 信頼区間から母平均の範囲が分かり，p 値から臨床成績が帰無仮説の下でばらつきによってどれだけの確率で起こり得るものかが分かるからである．

4.3　第 1 種の過誤と第 2 種の過誤

　統計的仮説検定による判定は確率による判定である．したがって，その判定には誤りは避けられない．統計的仮説検定はこのような誤りを認めての判定である．

　一般に統計的仮説検定による判定には表 4.1 のように過誤がある．有意水準 α の統計的仮説検定で有意であるとして帰無仮説を否定し，対立仮説を採用する判定には α の誤りの危険性がある．これを**第 1 種の過誤**という．一方有意でないとして，帰無仮説を否定できず，対立仮説を採用できない判定にも誤りの危険性がある．対立仮説が正しいのにこれを見逃す誤り β で，これを**第 2 種の過誤**という．

表 4.1　統計的仮説検定による判定と過誤

		帰無仮説が正しい	対立仮説が正しい
判定	有意でない	正しい	第 2 種の過誤
	有意	第 1 種の過誤	正しい

　いま帰無仮説を母平均 $\mu=0$，対立仮説を $\mu=\Delta$ とする．$n=41$ の標本平均 $\bar{X}$ は帰無仮説の下で母平均 $\mu=0$ のまわりに標本標準誤差 SE の広がりで分布する．式(4.3) の検定統計量 t は図 4.5 のように自由度 $\nu=40$ の t 分布に従う．

図 4.5 第1種の過誤 (α) と第2種の過誤 (β)

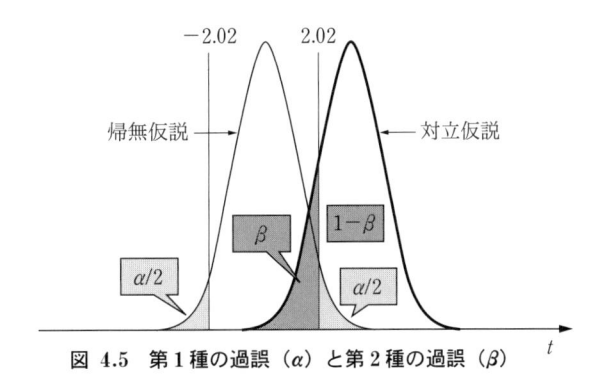

この検定統計量 t が棄却限界値 2.02 より大きいかまたは -2.02 より小さければ，有意水準 $\alpha=5\%$ で有意となる．この統計的仮説検定の第1種の過誤は $\alpha=5\%$ である．

対立仮説が正しいとき検定統計量 t は図 4.5 のように分布し，第2種の過誤は β となる．対立仮説が正しいとき統計的仮説検定でそれを正しく判定する確率を**検出力**と呼ぶ．検出力は $1-\beta$ である．

統計的仮説検定で有意とする基準を緩める．例えば，棄却限界値を 1.68 とする．図から分かるように，第2種の過誤 β は小さくなり，検出力は大きくなる．しかし，第1種の過誤 α も約 10% と大きくなる．

式 (4.3) の検定統計量 t は標本標準誤差 SE が小さくなれば大きくなる．標本の大きさを n，標本標準偏差を SD とすると

$$SE = \frac{SD}{\sqrt{n}}$$

であるから，標本の大きさ n を大きくすると検定統計量を大きくでき，第1種の過誤を α に保ちながら，第2種の過誤 β を小さくすることができる．

標本を大きくすることは，臨床試験でいえば被験者の数を大きくすることである．市販前の医薬品の有効性や安全性の検証のために実施する臨床試験では可能なかぎり被験者の数を小さくしたい．そのために期待される医薬品の有効性の大きさや被験者の反応の個体差と標本の大きさから第2種の過誤 β，検出力を予測し，適切な標本の大きさを求めて臨床試験を実施する．

Topic：両側検定と片側検定

4章では検定統計量 t が帰無仮説の両側に遠く離れる場合の確率を求めたが，このようにして p 値を求めて統計的仮説検定を行うことを**両側検定**という．これに対し，片側にだけ離れる確率を p 値として統計的仮説検定を行うことを**片側検定**という．

図 4.6 のように，片側検定の p 値は両側検定の p 値の 1/2 なので，片側検定による判定は両側検定による判定に比べて有意になりやすい．

両側検定で判定するか片側検定で判定するかは試験・実験・調査の計画時に決めておく．結果を

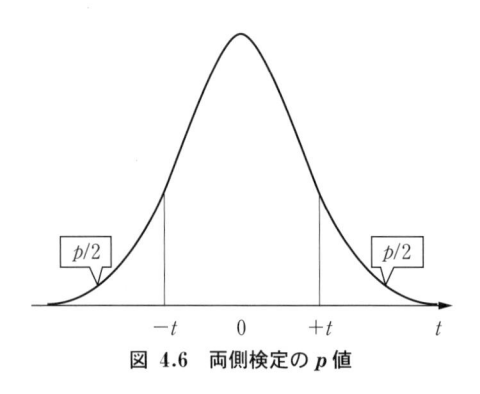

図 4.6 両側検定の p 値

両側検定で判定すると有意にならないが,片側検定で判定すると有意となるので片側検定を用いるというのでは判定に客観性が失われる.

医薬品の有効性を検証する臨床試験のように,統計的仮説検定が医薬品の承認に関わるときは共通な基準が必要になる.そのため「臨床試験のための統計的原則」では片側 2.5%,両側 5% の有意水準で判定するとしている.

また 4.2 で 5% の有意水準による統計的仮説検定で有意なとき帰無仮説は 95% 信頼区間に含まれず,有意でないときは含まれることを学んだが,これは両側検定で判定するときにいえることである.

t 分布は左右対称な連続分布なので片側確率を求め,その 2 倍を両側確率とすることができる.左右非対称な非連続分布ではそのように求めることはできない.医薬品の添付文書の臨床成績や臨床試験論文にはそのような場合の両側検定の p 値も記載されている.その場合の p 値の求め方については巻末の参考文献を参照のこと.

引用文献

1) 中村治雄,他,*Prog. Med.*, **18**(7), 1690〜1723 (1998).

参考文献

瀧澤 毅,"薬学系学生のための基礎統計学",p. 57〜60,ムイスリ出版 (2006).

5 二群間の平均値の差の検定

3章では標本平均とそのばらつきから母平均を推定する方法，4章では母平均がある値（例えばゼロ）であるという仮説が正しいかどうか検証する統計的検定を学んだ．5章では二つの標本平均とそのばらつきから，それぞれの母平均が等しいという仮説を検証する方法を学ぶ．

5.1 母平均の差の検定

次のような例を考えよう．

【例 5.1】 ニュージーランドで検査前に臨床心理士が説明する場合と医師が説明する場合とで，検査が正常であったときの患者の安心度に違いがあるかを比較する臨床試験が行われた[1]．胸痛の症状があり，オークランド市立病院に紹介されて運動負荷検査を受ける患者で試験に参加することに同意した試験対象者を無作為に臨床心理士群と対照群に割りつけた．

臨床心理士群では，検査の役割と検査が正常な場合の意味について説明した450語ほどの小冊子を検査前に渡し，臨床心理士がその小冊子の内容を簡単に説明，患者からの質問に答えた．対照群では，これまでどおり医師が検査前に検査の役割と検査が正常な場合の意味について説明した．小冊子は渡していない．

検査終了後，両群とも医師が検査結果をこれまでどおり説明した．検査終了後，検査で正常であった患者の安心度を評価したところ，表5.1のような成績になった．

表 5.1 検査終了後の患者の安心度

	症例数 n	平均	標準偏差 SD	標準誤差 SE
対照群	26	35.8	10.2	2.0
臨床心理士群	26	42.0	5.6	1.1

評価は点数が高いほど安心度は高い．表5.1から臨床心理士群の安心度の平均は42.0と対照群の平均35.8より高い．この結果から検査前に臨床心理士が説明すると検査が正常な患者さんの安心度は高まるといってよいだろうか？

図 5.1　帰無仮説

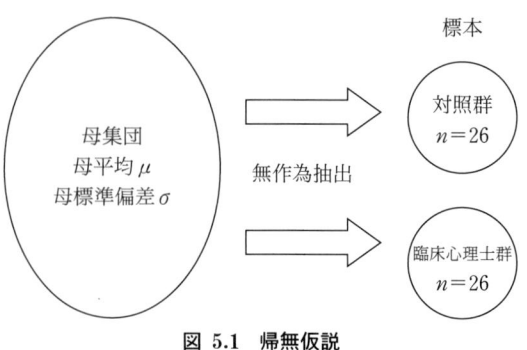

有意差検定の考え方を使おう．帰無仮説を次のように考える．

臨床心理士群も対照群も図5.1のように同じ母集団から無作為抽出した標本である．この母集団では患者の安心度は母平均 μ，母標準偏差 σ の正規分布をしている．したがって，臨床心理士群と対照群の母平均や母標準偏差は等しい．標本平均や標本標準偏差が違うのは偶然である．

これに対し，対立仮説は臨床心理士群と対照群の母標準偏差は等しいが母平均は異なる．標本平均が違うのは偶然ではないとする．

この帰無仮説の下で，『臨床心理士群の安心度の平均は 42.0 と対照群の平均 35.8 より高い』ということが偶然起きる確率を計算する．二つの平均の差が偶然かどうかということなので，二つの標本平均の差についての標準誤差を求める．

帰無仮説の下では同じ母標準偏差であるから，二群の共通の標準偏差 SD は各群の標本標準偏差 SD_1，SD_2 の二乗和の重みつき平均の平方根

$$SD = \sqrt{\frac{(n-1) \times SD_1^2 + (m-1) \times SD_2^2}{(n-1)+(m+1)}} = \sqrt{\frac{25 \times 10.2^2 + 25 \times 5.6^2}{25+25}} = 8.23$$

から求める．ここで，n，m は各群の標本の大きさ（例数）である．このとき二つの標本平均の差の標準誤差は

$$SE = SD\sqrt{\frac{1}{n}+\frac{1}{m}} \tag{5.1}$$

である[2]．

標本平均の差の標準誤差 SE はこの共通の標準偏差 SD を用いると

$$SE = SD\sqrt{\left(\frac{1}{n}+\frac{1}{m}\right)} = SD\sqrt{\left(\frac{1}{26}+\frac{1}{26}\right)} = 8.23 \times \sqrt{0.07692} = 2.3$$

となる．

標本が大きいとき，標本平均の分布は母平均を中心，標準誤差を広がりとした正規分布であった．標本平均の差の分布は図5.2のような母平均の差を中心，標本平均の差の標準誤差を広がりとした正規分布となる．帰無仮説の下では母平均の差はゼロだから，検定統計量 Z は

$$Z = \frac{6.2}{2.3} = 2.70$$

図 5.2 標本平均の差の分布

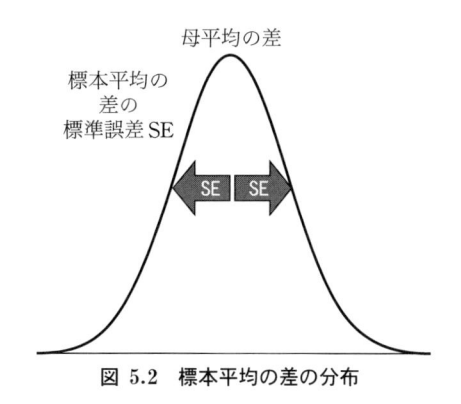

となる．これは 1.96 より大きい．

母平均が等しいのに標本平均が偶然 6.2 以上異なる確率は 5% 未満である．したがって，帰無仮説の母平均が同じというのは否定し，母平均が異なるという対立仮説を採用することになる．試験試験成績から臨床心理士群の安心度の母平均は対照群の安心度の母平均より大きい．検査前に臨床心理士が説明すると検査で正常であった患者さんの安心度が高まるといえる．

5.2 母平均の差の推定

検査前に臨床心理士が説明すると，検査で正常であった患者さんの安心度の平均増加量 6.2 はこの試験の成績である．それでは，この臨床試験の対象としている被験者と同じような，運動負荷試験を受ける患者の安心度については平均どれだけ増加するのだろうか？これは母平均の差の 95% 信頼区間として推定する．それは

　　標本平均の差 ± 1.96 SE

である．すなわち母集団での安心度の平均増加量は

　　上限：$6.2 + 1.96 \times 2.3 = 10.7$
　　下限：$6.2 - 1.96 \times 2.3 = 1.7$

1.7～10.7 であることが 95% の確かさで推定される．

母平均の差の 95% 信頼区間をみるとゼロを含んでいない．4 章で p 値の両側 5% を基準として有意とした場合，母平均についての帰無仮説は 95% 信頼区間に含まれないことを学んだが，帰無仮説が母平均の差の場合も同様に 95% 信頼区間には含まれない．

有意でないとき帰無仮説は 95% 信頼区間に含まれる．これは母平均の差の検定についてだけいえることではなく，4 章の母平均の検定についても，6 章の母比率の差，第Ⅲ編臨床への応用で学ぶオッズ比や相対危険度の検定についてもいえることである．

95% 信頼区間により両側 5% の有意水準での有意性はわかるので，95% 信頼

区間を表示するときは両側 5% 有意水準の有意性については記述する必要はない.

母平均の差の検定や推定ではいくつか仮定をしている.

まず帰無仮説では母平均の差がゼロという検証したい仮説のほかに

  安心度が正規分布する
  母標準偏差が等しい

と仮定している.

さらに

  標本は大きいから 標本平均は標準誤差を広がりとした正規分布する

と仮定している.

これらの仮定が成り立たないときどうなるか考えてみよう.

まず標本が小さいときどうなるか考える.

5.3 t 分 布

標本平均の分布は,標本が小さいとき正規分布に似ているが,正規分布よりすこし広がりが大きい分布になる.これはゴセットという人が発見した.ゴセットはギネスというビール会社の技師であった.ゴセットはビールの味や品質の改良のための実験を繰返していた.それまで統計というと数千から数万例集めるのが普通だった.実験の例数はそんなに大きくない.ゴセットは標本が小さいとき標本平均の分布の計算方法を見出した.当時ギネスでは社員が学術誌に発表することを禁止していたので,ゴセットはスチューデントというペンネームでその論文を発表した.そのためこの分布は**スチューデントのt分布**と呼ばれることになった.

スチューデントのt分布は正規分布より広がっている.検定統計量を比べるときは 1.96 ではなく,それよりやや大きい値と比較する.

正規分布の 1.96 のように検定統計量がその値より大きな値をとる確率が 2.5% である値を上側 2.5% 点という. -1.96 は下側 2.5% 点と呼ばれる.

上側 2.5% 点を昔は数表,今は Excel の関数 TINV$(0.05, \nu)$ から求める.スチューデントのt分布関数の引数 ν を**自由度**と呼ぶ.標本標準偏差 SD を求めるとき各データの標本平均からの差の二乗和から求めたが,自由度とはそのときの二乗和の個数である.大きさ n の標本の自由度は $n-1$ である.

二乗和は一見 n 個あるようにみえる.でも実際は $n-1$ 個しかない.それは $n=2$ のときを考えれば分かる.

$$\left(x_1-\frac{x_1+x_2}{2}\right)^2+\left(x_2-\frac{x_1+x_2}{2}\right)^2=2\left(\frac{x_1-x_2}{2}\right)^2=\frac{(x_1-x_2)^2}{2}$$

このように自由度は標本標準偏差を求めるとき二乗和が何個あるかを表している.

t分布はこの自由度によって決まる．そこでt分布は自由度 ν のt分布と呼ぶ．

臨床心理士群と対照群の安心度を比較する臨床試験では，臨床心理士群の標本の大きさが $n=26$ 対照群の標本の大きさが $m=26$ である．共通の標準偏差を求めたとき，二乗和を $(n-1)+(m-1)=25+25=60$ で割ったが，この50が自由度である．

自由度50のt分布の上側2.5%点は2.00である．臨床心理士群と対照群の安心度の平均の差の検定統計量は2.82で2.00より大きいから，母平均の差は異なるという結論は変わらない．

母平均の差の95%信頼区間は

標本平均の差 $\pm 2.00 SE$

となる．したがって

上限：$6.2+2.00\times 2.3=10.8$

下限：$6.2-2.00\times 2.3=1.6$

と正規分布から求めた1.7〜10.7と違うが，その違いはわずかである．

このように正規分布とt分布の違いはわずかであるが，標本が小さいとき，検定統計量が1.96の近くで有意かどうか微妙なときはt分布を用いる．

検定統計量 t 対する p 値はExcelの関数 TDIST $(t,\nu,2)$ から求められる．$t=2.70$ に対しては

$p=$ TDIST $(2.70, 50, 2)=0.009$

となり，p 値は0.05より非常に小さい．

つぎは母標準偏差が等しいという仮定について考えよう．

5.4 分散比の検定

帰無仮説では臨床心理士群と対照群の母標準偏差が等しいと仮定していた．しかし，標本標準偏差は臨床心理士群が10.6，対照群が6.4と大きく違う．母標準偏差も違うかもしれない．

母標準偏差が同じかどうかは標本標準偏差を比較して判断する．標本標準偏差の二乗である標本分散の比はF分布という分布になる．これを利用すると母標準偏差が等しいかどうかの検定ができる．

臨床心理士群と対照群については

$$F=\frac{10.2^2}{5.6^2}=3.32$$

となる．

F分布は二つの標本の自由度によって決まる．臨床心理士群の標本の自由度は25，対照群の標本の自由度は25であるときF分布の上側2.5%点はExcelの関数 FINV $(0.025, 25, 25)$ から求められ2.05となる．3.32は2.05より大きいか

ら，臨床心理士群と対照群の母標準偏差は違うと判断する．

5.5 ウエルチの検定

母標準偏差が違うとき母平均が違うかどうかは**ウエルチの検定**で比較することになる．それに対し，母標準偏差が等しいとして母平均が違うかどうかの検定は**スチューデントのt検定**と呼ばれる．ウエルチの検定では標本平均の差の標準誤差と自由度の求めかたがスチューデントのt検定と異なっている．

標準誤差 SE は

$$SE = \sqrt{\left(\frac{SD_1^2}{n} + \frac{SD_2^2}{m}\right)} = \sqrt{\left(\frac{10.2^2}{26} + \frac{5.6^2}{26}\right)} = 2.3$$

となる．母標準偏差が同じとしたときの標準誤差の 2.3 と変わりない．

自由度は

$$df = \frac{\left(\frac{SD_1^2}{n} + \frac{SD_2^2}{m}\right)^2}{\frac{\left(\frac{SD_1^2}{n}\right)^2}{n-1} + \frac{\left(\frac{SD_2^2}{m}\right)^2}{m-1}} = \frac{\left(\frac{10.2^2}{26} + \frac{5.6^2}{26}\right)^2}{\frac{\left(\frac{10.2^2}{26}\right)^2}{26-1} + \frac{\left(\frac{5.6^2}{26}\right)^2}{26-1}} = 38.8$$

となる．

このように整数でない自由度が得られる．このときの上側 2.5% 点は自由度 38 のt分布の 2.5% 点と自由度 39 のときの 2.5% 点を求め直線補間で求める．自由度 38 のt分布の上側 2.5% 点は 2.02 と自由度 39 のときの上側 2.5% 点も 2.02 だから，自由度 38.8 のt分布の上側 2.5% 点も 2.02 である．

検定統計量は標本平均の差 6.2 を標準誤差 2.3 で割って

$$t = \frac{6.2}{2.3} = 2.70$$

となるが，2.02 より大きいので臨床心理士群の安心度の母平均は対照群の母平均より大きいという結論は変わりがない．

スチューデントのt検定でもウエルチの検定でも，標本の大きさがほぼ等しいとき，両者の違いは小さい．標本の大きさが大きく違い，標本標準偏差も大きく違うと，スチューデントのt検定とウエルチの検定結果は大きく違う[3]．

次にデータの分布が正規分布でない場合について考えることにする．

5.6 ウイルコクソンの順位和検定・マンホイットニーのU検定

臨床心理士群と対照群の安心度を比較するとき，安心度のデータの分布は正規分布しているとした．安心度は患者に健康や心臓疾患についての不安など 5 項目にわたる質問をし，安心の度合を 10 点満点で評価させたものの合計点である．

5 二群間の平均値の差の検定

データの分布が正規分布でなくても標本平均の分布は，標本が大きくなれば正規分布に近づくという中心極限定理がある．だから，データの分布は正規分布でなくてもよい．しかし，平均をとるということは評価点の間隔は同じであると仮定することになる．安心度の評価点のような場合，10点という評価と9点という評価の差は6点と5点の差と同じであるという保証はない．評価点の間隔が同じで四則演算ができ平均や標準偏差を計算できる尺度を**間隔・比率尺度**，順序はあるが，評価点の間隔が等しいとは限らない尺度を**順序尺度**という

臨床心理士群と対照群の安心度の比較では，評価点を間隔・比率尺度として扱い平均や標準偏差を求め検定・推定を行った．順序尺度として扱って両群を比較検定する方法はないだろうか？

また，多くのデータは正規分布で近似できるが，近似できない分布もある．例えば，鎮痛剤が効くまでの時間である．図5.3は関節炎の患者に鎮痛剤を与えたときの緩和時間の分布[4]である．

鎮痛剤が効くまでの時間は個人差が大きい．短時間で効く患者，長時間たってやっと効く患者がいる．そのため正規分布と違って非対称な分布となる．このようなデータの標本平均はかなり大きな標本でないと正規分布に近づかない．このようなデータを二群間で比較する方法はないだろうか？

表5.2は図5.3の緩和時間のデータから新薬群3例，プラセボ群4例を無作為抽出したものである．

データが正規分布していないので，代表値として中央値を示した．中央値はデータを小さい順に並べたとき，ちょうど中心にくる値である．また，両群のデータに小さい順に順位を付けたときの順位と順位和を示した．

帰無仮説を新薬群もプラセボ群も同じ母集団から無作為抽出した標本であるとする．帰無仮説の下での新薬群の順位和の分布を図5.4のように1から7の順位のついた7人から3人を無作為抽出するときの順位和の分布から求める．

1から7の順位のついた7人から3人を抽出するパターンは $_7C_3 = 35$ 通りである．そのどれもが同じ確率で抽出される．それぞれについて順位和を計算し，順位和の度数分布表を作ると表5.3のようになる．これをグラフにしたものが図5.5である．

表 5.2　鎮痛剤の緩和時間

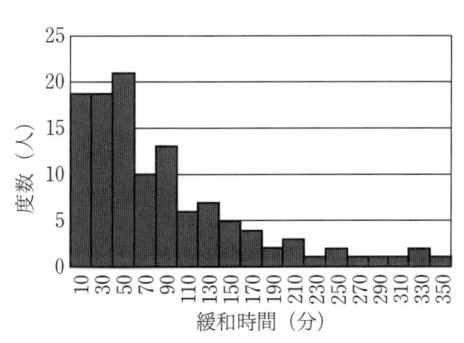

	緩和時間（分）				中央値(順位和)
新薬 (順位)	29 (2)	23 (1)	41 (4)		29 (7)
プラセボ (順位)	58 (6)	33 (3)	47 (5)	89 (7)	52.5 (21)

図 5.3　鎮痛剤投与関節炎患者の緩和時間

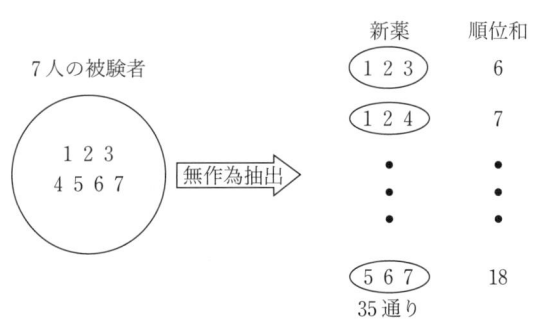

図 5.4 7人の被験者から無作為抽出した3人の新薬群

表 5.3 順位和の相対度数

順位和	6	7	8	9	10	11	12	13	14	15	16	17	18	計
度数	1	1	2	3	4	4	5	4	4	4	2	1	1	35
相対度数(%)	3	3	6	9	11	11	14	11	11	9	6	3	3	100

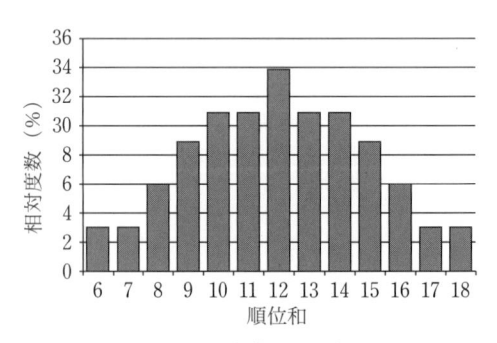

図 5.5 順位和の分布

順位和の分布は左右対称である．したがって正規分布で近似できる．順位和の数学的性質から，大きさ n と m の標本について，大きさ n の標本の順位和 W の期待値 $E(W)$ と標準誤差 SE は

$$E(W) = \frac{n(m+n+1)}{2}$$

$$SE = \sqrt{\frac{mn(m+n+1)}{12}}$$

となることが知られている[5]．

表5.2の例については，新薬群 $n=3$，プラセボ群 $m=4$ だから

$$E(W) = \frac{3(4+3+1)}{2} = 12$$

$$SE = \sqrt{\frac{4 \times 3(4+3+1)}{12}} = \sqrt{8} = 2.83$$

となる．

新薬群の順位和が偶然，7となる確率は統計量 Z が

$$Z = \frac{7-12}{2.83} = -1.77$$

と -1.96 より大きいから 2.5%（両側 5%）以上である．したがって，新薬群もプラセボ群も同じ母集団から無作為抽出された標本で，新薬群の順位和が 7 と緩和時間が短いデータが集まったのは偶然であると判断する．

このようにデータの分布が正規分布からかけ離れていても，順位和の分布は正規分布に近い左右対称な分布になる．この性質を利用したのが**ウイルコクソンの順位和検定**である．

順序があると大小関係も比較できる．表 5.2 の例では，新薬群の 1 人の被験者の緩和時間をプラセボ群の各被験者の緩和時間と比較し，大きければ 1，小さければ 0 としてすべての比較についての和 U を利用することもできる．表 5.2 については

$$U = 0+0+0+0+0+0+0+0+0+1+0+0 = 1$$

となる．

この U と標本の大きさ n，順位和 W の間には

$$W = U + \frac{n(n+1)}{2}$$

関係がある．したがってこの U を使っても二群に差があるかどうか検定できる．これを**マンホイットニーの U 検定**と呼ぶ．

アルツハイマーの治療薬アリセプトの臨床試験では，24 週間治療した最終全般臨床症状の改善の程度を順序尺度で表 5.4 のように評価している[6]．

被験者を評価点の低い順に並べ，順位を付ける．同順位には中間順位を与える．中間順位とは，例えば 1 位と 2 位が同順位なら $\frac{1+2}{2} = 1.5$ とすることである．

表 5.4 のデータをウイルコクソンの順位和検定で比較すると検定統計量は $Z = 4.96$ となり[7]，1.96 より大きいのでアリセプト群とプラセボ群の臨床症状改善の差は有意である．

母平均の差の検定は，母平均や母標準偏差が等しいという帰無仮説の下で標本平均が違う確率を求めた．これに対しウイルコクソンの順位和検定やマンホイットニーの U 検定では母平均や母標準偏差についての仮定は使わない．そのためこれらの検定は**ノンパラメトリック検定**と呼ばれる．パラメータというのは母平均や母標準偏差のことで，ノンパラメトリックというのはそのようなパラメータを使わないという意味である．母平均や母標準偏差についての仮定を使う母平均の差の検定は**パラメトリック検定**と呼ばれる．

表 5.4 最終全般臨床症状評価：例数（%）

	著明改善	改善	軽度改善	不変	軽度悪化	悪化	著明悪化	判定不能	合計
アリセプト	1(1)	19(16)	40(34)	36(31)	15(13)	4(3)	0(0)	1(1)	116(100)
プラセボ	1(1)	13(12)	10(9)	40(36)	21(19)	21(19)	5(4)	1(1)	112(100)

臨床心理士群と対照群の安心度の比較ではパラメトリック検定を用いているが，このように治療の評価が主観的評価の場合はノンパラメトリック検定が適用されている例も多い．安心度の個別データがないので順位和検定を試みることはできない．しかし，検定統計量がスチューデントのt検定で2.82，ウエルチの検定でも2.70と上側2.5%点の2.08や2.02よりはるかに大きいので順位和検定でも結論は変わらないと思われる．

演習問題

母平均の差の検定はExcelの関数TTEST（配列1，配列2，尾部，検定の種類）を用いて実施できる．引数の配列1には第1群のデータが入っているセルを指定する．例えばデータがa1セルからa10セルに入っているとするとa1：a10と指定する．配列2には第2群のデータが入っているセルを指定する．尾部には片側検定なら1を，両側検定なら2を指定する．検定の種類にはスチューデントのt検定なら2を，ウエルチの検定なら3を指定する．

検定の種類を指定するためには分散比の検定が必要である．分散比の検定はExcelの関数FTEST（配列1，配列2）で実施できる．この配列1には第1群のデータが入っているセルを，配列2には第2群のデータが入っているセルを指定する．

Excelの関数TTEST，FTESTでは検定統計量でなくp値が出力される．

例5.2 抗悪性腫瘍剤フルツロン（一般名：ドキシフルリジン）の毒性を探索するためにラットを対象とした動物実験[8]結果の1部を表5.5に示す．第1群は対照群，第2群は薬物を雄性ラットの体重当たり200 mg/kg，13週投与した後，血中のヘモグロビン量を測定したものである．

このデータについて母平均の差の検定をしなさい．

表5.5 13週後の血中ヘモグロビン量(g/dL)

薬物投与量 (mg/kg)	第1群 0	第2群 200
	14.7	14.6
	15.9	14.7
	14.0	14.7
	14.1	14.9
	14.1	15.1
	14.4	14.3
	15.1	13.9
	15.4	13.0
	13.6	14.0
	13.7	14.3
平均	14.50	14.35
標準偏差	0.76	0.61

薬理と治療，**13**, Suppl 12 (1985) より引用．

【解　答】

FTESTを用いて分散比の検定を実施すると$p=0.52$と母標準偏差に差がないので，母標準偏差は等しいとしてスチューデントのt検定を実施する．これをTTESTで実施すると$p=0.63$と有意ではない．

Topic：対応のある検定と対応のない検定

第4章では例4.1のリピトール錠2.5 mgを1日1回夕食後に12週間投与したのちの52人の被験者の血清総コレステロールの低下率について母平均の検定を実施した．この試験で0週目と投与

終了後の血清総コレステロールの平均値と標準偏差は表5.6のようになる[9].

0週と投与終了時の血清コレステロール値の母平均に差があるか検定してみよう．

$$SD = \sqrt{\frac{51 \times 43^2 + 51 \times 36^2}{51+51}} = 39.65$$

$$SE = 39.65 \times \sqrt{\left(\frac{1}{52} + \frac{1}{52}\right)} = 7.78$$

$$t = \frac{228-286}{7.78} = -7.46$$

表 5.6 血清総コレステロール (mg/dL) の推移

時期	0週	投与終了時
症例数	52	52
平均値	286	228
標準偏差	43	36

検定統計量7.46は母平均の検定における検定統計量16.95と大きく違う．

表5.6のデータは各被験者について0週と投与終了時で測定している．このようなデータを**対応のあるデータ**という．対応のあるデータについてはこれを二群とみなし母平均の差の検定をしてはいけない．各被験者について0週と投与終了時の差または変化率を求め，その葉は平均がゼロかどうかの検定を実施する．

母平均の差の検定は**二群の平均値の差の検定**とも呼ばれる．これは実際の試験や実験で得られたデータから標本平均を求めて比較する計算手順からである．これに対し，第4章の母平均の検定は**対応のある二群の平均値の差の検定**と呼ばれる．この検定では第4章のように被験者の血清総コレステロールの値の0週と投与後の差または変化率の母平均がゼロかどうかを検定するものだ．しかし「平均の差の検定」というと各群で平均を求めて母平均の差がゼロかどうか検定するように受けとられる．「対応がある」ときは「各群の平均の差」でなく，各被験者について差を求め，その差の母平均がゼロかどうかを検証するのだということに注意してほしい．

Excelの関数TTEST（配列1, 配列2, 尾部, 検定の種類）で検定の種類を1と指定すると，配列1のデータを第1群，配列2のデータを第2群として対応のある二群の平均値の検定が実施できる．

母平均の差の検定に対応するノンパラメトリック検定がウイルコクソンの順位和検定とマンホイットニーのU検定であったが，母平均の検定に対応するノンパラメトリック検定に**ウイルコクソンの符号付き順位和検定**がある[10].

引用文献

1) K. J. Petrie, *et al.*, *BMJ*, **334**, 352～354 (2007).
2) 瀧澤　毅, "薬学系学生のための基礎統計学　改訂版", p.68～69, ムイスリ出版 (2008).
3) 瀧澤　毅, "薬学系学生のための基礎統計学　改訂版", p.70～73, ムイスリ出版 (2008).
4) A. J. Gross, V. A. Clark/医学統計研究会訳, 生存時間分布とその応用, MPC (1984).
5) 岩崎　学, "ノンパラメトリック法", p.90～91, 東京図書 (2006).
6) アリセプトD錠3mg/5mg添付文書, エーザイ（株）(2005).
7) 瀧澤　毅, "薬学系学生のための基礎統計学　改訂版", p.97～98, ムイスリ出版 (2008).
8) 堀井郁夫 他, 薬理と治療, **13**, Suppl. 2 (1985).
9) 中村治雄 他, *Prog. Med.*, **18**(7): 1690～1723, 1998
10) 瀧澤　毅, "薬学系学生のための基礎統計学　改訂版", p.99～101, ムイスリ出版 (2008).

6 二群間の比率の検定

ここでは，二群の比率の違いを検定する方法を述べる．χ^2検定は，2つ（より多数でも可能）の割合，比率，出現頻度などが等しいかどうかを検定する方法であり，二群間の平均値の差を検定するときに用いられるt検定に次いでよく用いられる検定法といえる．χ^2値は，観測度数と期待度数のずれの大きさを示した統計量であり，期待度数と観測度数が完全に一致すれば，χ^2値はゼロになる．また，観測度数と期待度数のずれが大きければχ^2値は大きな値となる．

仮説検定の考え方によれば，二群の比率は等しいとの帰無仮説のもと，観測度数と期待度数のずれからχ^2値を求め，この値が有意水準のχ^2値と比較して，計算値の方が大きければ帰無仮説を棄却（比率は等しくない）し，計算値の方が小さければ帰無仮説を棄却しない．

χ^2検定には，行と列の関連性の有無を検討する**独立性の検定**と，事前に知られている割合と実測された割合が等しいかどうかを検討する**適合度の検定**がある．

6.1 2×2分割表と χ^2 検定（独立性の検定）

二つの医薬品で副作用発現比率を比較したり，治療方法の違いによる有効症例の比率を比較するような場合は，分割表を用いてデータを整理するとよい．例として，A薬を服用した100名とB薬を服用した150名の患者に副作用発現の有無をアンケート調査をしたところ，表6.1のような結果が得られたものとする．

このような表は，アミカケ部分が2行×2列となっており，2×2分割表とい

表 6.1　A薬とB薬を服用後の副作用経験の有無のアンケート結果

		副作用の有無		
		副作用あり(人)	副作用なし(人)	合　計
医薬品	A薬	10　(a)	90　(b)	100　(A)
	B薬	38　(c)	112　(d)	150　(B)
合　計		48　(C)	202　(D)	250　(E)

う．また，数値が入る欄をセルという．このようなデータを用いて，χ^2検定によって，二群の副作用発現率が異なるかどうかを検定する方法を独立性の検定と

いう．独立性の検定では，対応のない質的変数で分類した分割表において，行と列が互いに独立であるかどうか（関連性があるかどうか）を検定している．

仮説検定の考え方に従えば，A薬とB薬の副作用発現率が等しく（帰無仮説），帰無仮説からのずれは偶然によるものと考えると250人中48人に副作用が発現すると考えられる．この発現率が正しいと仮定して，A薬を服用した患者100人中がまたは，B薬を服用した患者150人中何人に副作用が起こるかと考える．これを期待度数という．実際に観察された人数を期待度数の差が大きければ帰無仮説を棄却する．

この考え方を，確率分布で示すと表6.2のようになる．

表 6.2 確率分布で示した 2×2 分割表

		副作用の有無		
		副作用あり	副作用なし	計
医薬品	A薬	P_{11}	P_{12}	$P_{10}=P_{11}+P_{12}$
	B薬	P_{21}	P_{22}	$P_{20}=P_{21}+P_{22}$
合　計		$P_{01}=P_{11}+P_{21}$	$P_{02}=P_{12}+P_{22}$	1

行と列が独立であるならば，各セルの確率分布 $P_{ij}=P_{i0}\times P_{0j}$ が成り立つ．表6.1の結果を，行と列が独立であると仮定して各セルの期待度数を計算すると，表6.3のようになる．これは，帰無仮説が正しいと仮定したとき（250人中48人に副作用が発現する），A薬服用患者100名，B薬服用患者150名のうち，副作用が起こる人数（期待度数）として求められる．

表 6.3 表 6.1 の結果の期待度数の計算

		副作用の有無	
		副作用あり	副作用なし
医薬品	A薬	100×48÷250＝19.2	100×202÷250＝ 80.8
	B薬	150×48÷250＝28.8	150×202÷250＝212.2

すべてのセルの期待度数と観測度数（実際の値）の差の二乗を期待度数で割った値を足しあわせたのが χ^2 値である．

$$\chi^2=\sum \frac{(O_{ij}-E_{ij})^2}{E_{ij}} \tag{6.1}$$

ここで，O_{ij}：セル ij の観測度数，E_{ij}：セル ij の期待度数である．

式(6.1)からわかるように，期待度数と観測度数の差が小さければ χ^2 値は小さくなる．一方，二群の比率に差が大きければ，期待度数と観測度数の差は大きくなって，χ^2 値は大きくなる．χ^2 値が有意水準の χ^2 値よりも大きければ帰無仮説を棄却する．ただし，χ^2 値の計算は，分割表のセルの比率（パーセントや割合）ではなく，観測度数で計算しなければならない．

また，2×2の分割表の場合，表6.1のA〜E，a〜dの値を用いて，次の式

(6.2) を用いても χ^2 値を求めることができる．

$$\chi^2 = \frac{E \cdot (ad-bc)^2}{A \cdot B \cdot C \cdot D} \tag{6.2}$$

6.1.1 χ^2 検定の手順（独立性の検定）

① 帰無仮説 H_0 を立てる．"薬の種類と副作用の発現率には関係がない"．
② 対立仮説 H_1 は薬の種類と副作用には関連がある．"薬の種類によって副作用発現率に差がある"．
③ 有意水準を定める．"例えば，$\alpha = 0.05$"．
④ 期待度数を計算し χ^2 値を求める．

$$\chi^2 = \frac{(10-19.2)^2}{19.2} + \frac{(90-80.8)^2}{80.8} + \frac{(38-28.8)^2}{28.8} + \frac{(112-121.2)^2}{121.2}$$
$$= 9.093$$

⑤ 自由度は，（列－1）×（行－1）で求められる．2×2 分割表の場合，自由度は 1 である．χ^2 分布表から自由度 1 で $\alpha = 0.05$ における χ^2 値は 3.84 である．
⑥ $\chi^2 > 3.84$ であるので，帰無仮説を棄却して，対立仮説を採択する．
すなわち，帰無仮説が正しいと考えるには，期待度数と観測度数のずれが大きいことを示している．したがって，"A 薬と B 薬では副作用発現率に差がある"という結論が得られる．

6.2 χ^2 検定（適合度の検定）

χ^2 検定によって，観測された度数分布が，あらかじめ知られている理論的な分布に一致しているかどうかを検定（適合度の検定）することができる．

例として，ある医薬品を服用後，副作用が発現した人の血液型を調べ，表 6.4 のような結果を得たとする．血液型によって副作用発現に違いがあるかどうかを検定する．すでに知られている血液型の割合と全副作用発現数から期待度数を算出する．用いるデータは，網掛け部分の 2×4 の分割表である．

表 6.4 血液型による副作用発現率の違い

血液型	母集団の割合(%)	副作用発現数(人)	期待度数(人)
A	37	21	61×0.37＝22.57
B	22	12	61×0.22＝13.42
AB	9	5	61×0.09＝ 5.49
O	32	23	61×0.32＝19.52
計	100	61	

6.2.1 χ^2 検定の手順（適合度の検定）

⑦ 帰無仮説 H_0 を立てる．"血液型と副作用発現には関係がない"．
⑧ 対立仮説 H_1 は血液型と副作用発現には関連がある．"血液型によって副作用発現率は異なる"．
⑨ 有意水準を定める．"例えば，$\alpha=0.05$"．
⑩ 期待度数を計算し χ^2 値を求める．

$$\chi^2=\frac{(21-22.57)^2}{22.57}+\frac{(12-13.42)^2}{13.42}+\frac{(5-5.49)^2}{5.49}+\frac{(23-19.52)^2}{19.52}$$
$$=0.9236$$

⑪ 自由度＝(列－1)×(行－1)＝3　であるので，χ^2 分布表から自由度3で $\alpha=0.05$ における χ^2 値は 7.82 である．
⑫ $\chi^2<7.82$ であるので，帰無仮説を棄却することができない．
結論，血液型によって副作用発現率は変化しない．

演習問題

Excel を使って，表 6.1 と表 6.4 のデータを使って χ^2 検定を行う．Excel による χ^2 検定の結果は，帰無仮説のもとで，観測度数が得られる確率（p 値）を計算して表示する．したがって，この確率の値が有意水準よりも小さければ帰無仮説を棄却し（二群の比率には差があると判断する），大きければ帰無仮説を採択する（二群の比率には差がないと判断する）．

6.1 表 6.1 の例
方法1：CHIDIST 関数を用いて計算する方法

	A	B	C	D	E	F	G
1							
2			副作用あり	副作用なし			
3		A薬	10	90	100		
4		B薬	38	112	150		
5		合計	48	202	250		
6							
7		χ 二乗値	9.0930968				
8		計算式	=E5*(C3*D4-D3*C4)^2/(E3*E4*C5*D5)				
9							
10		検定結果 p 値	0.0025658				
11		計算式	=CHIDIST(C7,1)				
12							

図 6.1 CHIDIST 関数で χ^2 値を求めて χ^2 検定を実行する方法

2×2 分割表の場合は，式(6.2)を用いて χ^2 値を計算し，CHIDIST 関数：CHIDIST(χ^2 値, 自由度) で確率 p を求めることができる．

【解　答】
p 値は 0.00256 であり，有意水準（$\alpha=0.05$）よりも小さいので帰無仮説を棄却し，対立仮説を採択して副作用発現率には有意に差があると判断する．

方法2：CHITEST関数を用いて計算する方法

CHITEST関数を用いて計算するには，あらかじめ期待度数の計算が必要である．

	A	B	C	D	E
1					
2	観測度数		副作用あり	副作用なし	
3		A薬	10	90	100
4		B薬	38	112	150
5			48	202	250
6					
7	期待度数		副作用あり	副作用なし	
8	計算式	A薬	=E3*C5/E5	=E3*D5/E5	
9		B薬	=E4*C5/E5	=E4*D5/E5	
10					
11	期待度数		副作用あり	副作用なし	
12		A薬	19.2	80.8	
13		B薬	28.8	121.2	
14					
15					
16					
17					
18		p値	0.002565761		
19					

図 6.2　期待度数を求めて χ^2 検定をする方法

「関数」でCHITEST関数を選び，二つの表から観測度数と期待度数の範囲を選択すると χ^2 検定を実行できる．

【解　答】

解析結果は p 値（$=0.00256\cdots$）として，図 6.3 に表示されている．したがって，帰無仮説を棄却し，対立仮説を採択して副作用の発現率 A には有意に差があると判断する．

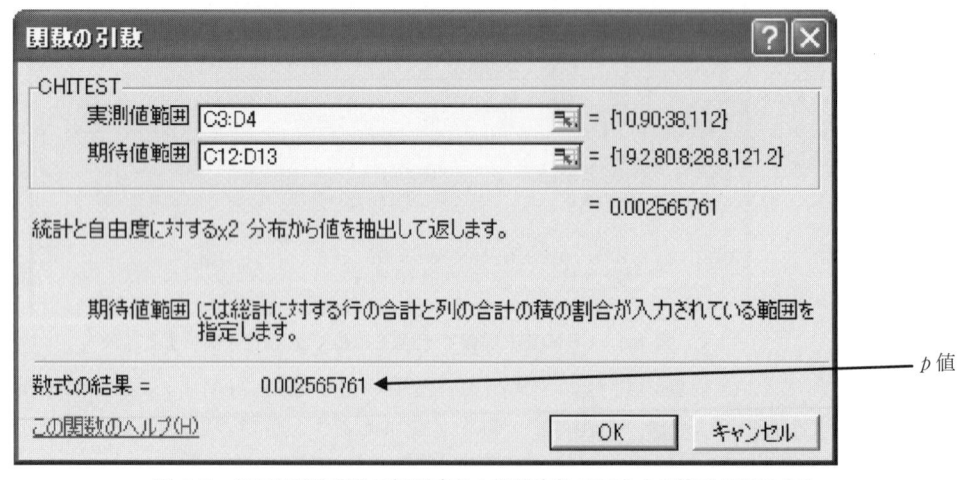

図 6.3　CHITEST関数で観測度数と期待度数の対応する範囲を選択する

CHIDIST関数でも，CHITEST関数でも同じ p 値となることが確認できる．

2×2 分割表のときは，直接 χ^2 値を求めることができるが，それ以外の場合は，期待値を計算したうえで，CHITEST 関数を使う必要がある．

6.2 表 6.4 の例

2×4 の分割表なので，期待度数を計算して，CHITEST 関数を用いる．

CHITEST 関数では，図 6.4 の D 9 に示したように関数を直接書き入れることも可能である．p 値は 0.8197 となり，有意水準（$\alpha=0.05$）よりも大きいので，帰無仮説を棄却できない．したがって，副作用発現率は血液型によって変化しないことが分かる．

	A	B	C	D	E
1					
2			観測度数	期待度数	
3		A型	21	22.57	
4		B型	12	13.42	
5		AB型	5	5.49	
6		O型	23	19.52	
7					
8					
9		p値	0.819727096	=CHITEST(C3:C6,D3:D6)	
10					

図 6.4 観測度数と期待度数の表と χ^2 検定結果

Topic：Fisher の確率計算法

χ^2 値は，帰無仮説のもとで近似的に χ^2 分布に従うことが知られている．しかし，この近似は期待度数が十分に大きいときには成り立つが，期待度数が極端に小さい場合には近似が十分ではない．具体的には，すべてのセルの期待度数が 5 よりも大きい場合は，満足な精度で近似できるが，期待度数が 5 未満の小さいセルが一つでもある場合には，χ^2 検定は正確な結果を与えないので注意が必要である．そのような場合は，Fisher（フィッシャー）の確率計算法を用いる．統計ソフトの中には，セルの期待値が 5 未満になると自動的に Fisher の確率計算法の結果が同時に表示されるようになるものもある．コンピュータが表示したどの数値をみて検定結果を判断すべきかに注意が必要である．Fisher の確率計算法は，統計学の教科書によって様々な名称で記載されている．Fisher の直接法，Fisher の直接確率法，Fisher の直接検定法，Fisher の直接確率計算法，Fisher のエグザクトテストなどは，いずれも同じ方法である．計算方法の詳細については，より専門的な教科書を参照されたい．

参考文献

吉村　功編著，"毒性・薬効データの統計解析―事例研究によるアプローチ―"，サイエンティスト社（1987）．

7 多群の比較

　5章,6章では二つの母平均・母比率の差について二群の標本平均・標本比率を統計的仮説検定で比較する方法を学んだ.7章では三つ以上の母平均・母比率の差について多群の標本平均・標本比率を統計的に比較する方法を学ぶ.

7.1 分散分析

　薬物の作用を探索する動物実験では,対照群,薬物 A 群,薬物 B 群あるいは対照群,薬物低用量群,薬物中用量群,薬物高用量群というように被験動物を多群に無作為に割り付け,薬物を投与し,作用を測定比較する.このような実験計画を**一元配置法**(one way layout)という.一元配置法で割り付けられた各群を標本とみなし,各群の母平均の差について統計的仮説検定で検定する.

　a 群の一元配置実験で得られたデータを

第 1 群:$x_{11}, x_{12}, \ldots\ldots, x_{1n_1}$　(標本の大きさ n_1)

第 2 群:$x_{21}, x_{22}, \ldots\ldots, x_{2n_2}$　(標本の大きさ n_2)

……

第 a 群:$x_{a1}, x_{a2}, \ldots\ldots, x_{an_a}$　(標本の大きさ n_a)

とする.

各群の標本平均　$\bar{x}_i = \dfrac{x_{i1}+x_{i2}+\cdots\cdots+x_{in_i}}{n_i}$

からの変動(平方和)を

$$S_1 = (x_{11}-\bar{x}_1)^2 + (x_{12}-\bar{x}_1)^2 + \cdots\cdots + (x_{1n_1}-\bar{x}_1)^2,$$

$$S_2 = (x_{21}-\bar{x}_2)^2 + (x_{22}-\bar{x}_2)^2 + \cdots\cdots + (x_{2n_2}-\bar{x}_2)^2,$$

……

$$S_a = (x_{a1}-\bar{x}_a)^2 + (x_{a2}-\bar{x}_a)^2 + \cdots\cdots + (x_{an_a}-\bar{x}_a)^2,$$

と求める.各群の変動の合計を自由度 $\nu_E = n_1 + n_2 + \cdots\cdots + n_a - a$ で割って

$$V_E = \frac{S_1 + S_2 + \cdots\cdots + S_a}{\nu_E} \tag{7.1}$$

と求める.これを群内分散と呼ぶ.

　ここで,各群の母集団の母平均は異なる値をとっても標準偏差 σ は同じ値の正規分布に従うと仮定する.そのとき群内分散の平方根が,多群の共通の標準偏

7 多群の比較

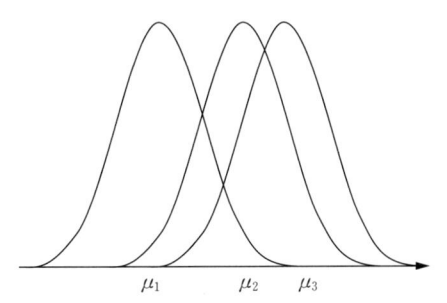

図 7.1 三群の標本平均の分布

差 σ の点推定値である．

各群の標本平均 $\bar{X}_i$ は標準誤差 $\sigma/\sqrt{n_i}$ の広がりで分布する．例えば，三群なら，その標本平均 $\bar{X}_1$, $\bar{X}_2$, $\bar{X}_3$ は，図 7.1 のようにそれぞれの母平均 μ_1, μ_2, μ_3 のまわりに分布する．

帰無仮説をすべての母平均は等しい

$$\mu_1 = \mu_2 = \cdots\cdots = \mu_a \tag{7.2}$$

とし，対立仮説を

$\mu_1, \mu_2, \cdots\cdots, \mu_a$ の中に異なる値のものがある

とする．

帰無仮説が正しいとき，すべての母平均は等しい．この母平均の点推定値は，測定値の全体平均

$$\bar{x} = \frac{n_1 \bar{x}_1 + n_2 \bar{x}_2 + \cdots\cdots + n_a \bar{x}_a}{n_1 + n_2 + \cdots\cdots + n_a}$$

である．各群の標本平均は帰無仮説が正しくても一致するとは限らない．標本平均の変動の大きさは

$$S_A = n_1(\bar{x}_1 - \bar{x})^2 + n_2(\bar{x}_2 - \bar{x})^2 + \cdots\cdots + n_a(\bar{x}_a - \bar{x})^2$$

となる．この変動に対する自由度

$$\nu_A = a - 1$$

で変動を割った

$$V_A = \frac{S_A}{\nu_A} \tag{7.3}$$

を群間分散と呼ぶ．

群間分散と群内分散の比

$$F = \frac{V_A}{V_E} \tag{7.4}$$

は帰無仮説が正しいとすると，第 1 自由度 ν_E，第 2 自由度 ν_A の F 分布に従う．

式(7.4)を検定統計量 F とし F 分布の上側 5% 点を棄却限界値とすれば，a 個の母平均に差があるかどうか有意水準 5% の統計的仮説検定で検定することができる．また F 分布を利用して p 値を求めることもできる．これを**分散分析の F 検定** (analysis of variance: ANOVA) という．

二群（大きさ n_1 と n_2）の母平均の差の検定で検定統計量 t は自由度 $n_1 + n_2 -$

2のt分布に従うが，t^2 は第1自由度1，第2自由度 n_1+n_2-2 のF分布に従う．すなわち，分散分析による多群の母平均の差のF検定は二群の母平均の差のt検定を多群に拡張したものである．

【例 7.1】 抗悪性腫瘍薬フルツロン（一般名：ドキシフルリジン）の毒性を探索するためにラットを対象とした動物実験[1]結果の一部を表7.1に示す．第1群は対照群，第2群と第3群は薬物を雄性ラットの体重当たり 200 mg/kg，400 mg/kg を13週投与した後，血中のヘモグロビン量を測定したものである．

表 7.1　13週後の血中ヘモグロビン量（g/dL）

薬物投与量 (mg/kg)	第1群 0	第2群 200	第3群 400
	14.7	14.6	13.3
	15.9	14.7	12.6
	14.0	14.7	13.6
	14.1	14.9	13.3
	14.1	15.1	13.1
	14.4	14.3	13.9
	15.1	13.9	13.0
	15.4	13.0	13.3
	13.6	14.0	12.3
	13.7	14.3	13.3
平　　均	14.50	14.35	13.17
標準偏差	0.76	0.61	0.46

［薬理と治療，**13**, Suppl2(1985)より引用］

三群の母平均の中で異なるものがあるかどうか分散分析で検定する．

〈考え方〉

Excelのデータ → 分析 → 分析ツールで分散分析：一元配置を選択し，データの入力されたセルを指定すると，表7.2の分散分析表が得られる．群間分散 $V_A=5.31$ は群内分散 $V_E=0.39$ より大きく，F検定は有意である．したがって，三群の母平均の中に異なるものがあると判定される．標本平均をみると第3群の母平均が他の母平均と異なるようである．第1群と第3群の母平均に有意な差があるのか，第2群と第3群の母平均についてはどうなのかは判定されない．

表 7.2　分散分析表

要因	変動	自由度	分散	分散比	p 値	棄却限界値
群間	10.61	2	5.31	13.74	0.0001	3.35
群内	10.43	27	0.39			
合計	21.04	29				

分散分析表で群間分散が有意ということは，薬物投与量の違いという一つの要因によって各群の母平均に違いができたことを意味する．薬物の違い，薬物投与

量の違い，性差，年齢差，投与時期，投与順序などの要因による母平均の差を検定できるように群の配置を計画することを**実験計画法**という．同時に多くの要因について検定できるように群を配置する実験計画が考えられている．例7.1のように一つの要因によって群を配置する計画を一元配置の実験計画，同時に二つの要因を検定できるように群を配置する計画を二元配置の実験計画という．実験計画法で得られたデータはそれらの要因による変動に分解し，各要因の有意性を分散分析で検定することができる．

7.2　検定を繰り返すことの問題点，Tukeyの方法，Dunnettの方法

7.2.1　検定を繰り返すことの問題点

7.1の分散分析で有意であると母平均の中に異なるものがあると判定されるが，どれとどれが異なるかまで判定されない．

例7.1の3群の母平均の中で，どれとどれが等しく，どれとどれが異なるのか判定するために，μ_1とμ_2，μ_2とμ_3，μ_3とμ_1について5章の母平均の差の検定を行うことを考えよう．

それぞれ$\mu_1=\mu_2$，$\mu_2=\mu_3$，$\mu_3=\mu_1$の帰無仮説に対して有意水準αで検定する．有意水準5%で検定すると1回の検定で第1種の過誤が0.05あるので，3回検定を繰り返すと第1種の過誤は

$$1-0.95^3 \fallingdotseq 0.143$$

と約3倍の14.3%になる．

統計的仮説検定は，帰無仮説が正しいのに誤って否定する第1種の過誤が有意水準以下であるとして対立仮説が正しいと判定するものである．しかし，検定を繰り返すと第1種の過誤は有意水準以下にならない．一般に試験・実験・調査で得られたデータ全体に対して複数の統計的仮説検定を行うと第1種の過誤が有意水準を超えてしまう問題を検定の**多重性**（multiplicity）という．

第1種の過誤を有意水準以下に抑えながら母平均や母比率の差の比較を行う方法が提案されており，**多重比較法**（multiple comparisons）と呼ばれる．

比較をn回行うとき，1回の比較について有意水準α/nで検定すれば，n回検定しても第1種の過誤は有意水準α以下に抑えることができる．この方法は**Bonferroni**（ボンフェローニ）**の方法**と呼ばれる．

Bonferroniの方法ではそれぞれの検定が独立であるとしている．しかし，一元配置実験の多群の母平均の比較は独立でない．検定統計量に相関がある．そこで相関を考慮して検定の棄却限界値を求めるとBonferroniの方法よりも検出力を高くすることができる．

7.2.2 Tukey の方法

母平均についてすべての組み合わせの対比較を行うのが **Tukey**（チューキー）**の方法**である．

母平均 μ_i と μ_j の比較について，検定統計量

$$t(i,j) = \frac{|\bar{x}_i - \bar{x}_j|}{\sqrt{V_E\left(\frac{1}{n_i} + \frac{1}{n_j}\right)}} \tag{7.5}$$

を，有意水準 5% の棄却限界値

$$\frac{q(a, \nu_E ; 0.05)}{\sqrt{2}}$$

と比較する．$q(a, \nu_E ; 0.05)$ は**スチューデント化した範囲**（Studentized range）の上側 5% 点で，例えば『統計的多重比較法の基礎』[2] の統計数値表から得られる．

検定統計量を求める式(7.5)は t 検定で検定統計量を求める式と同じである．二群のとき有意水準 5% の棄却限界値は

$$\frac{q(2, \nu_E ; 0.05)}{\sqrt{2}} = t(\nu_E ; 0.025)$$

なので，t 検定の棄却限界値と一致する．多群（$a>2$）になると

$$\frac{q(a, \nu_E ; 0.05)}{\sqrt{2}} > t(\nu_E ; 0.025)$$

となり，t 検定の棄却限界値より大きくなる．したがって検定統計量の値によっては t 検定では有意でも Tukey の方法では有意でないことになり，第 1 種の過誤を減らすことができる．

【例 7.2】 例 7.1 のデータについて各群の母平均 μ_1 と μ_2，μ_1 と μ_3，μ_2 と μ_3 の差について Tukey の方法で比較する．

〈考え方〉

スチューデント化した範囲を『統計的多重比較法の基礎』の統計数値表から求める．

$$q(3, 27 ; 0.05) = 3.506$$

棄却限界値は

$$\frac{q(3, 27 ; 0.05)}{\sqrt{2}} = \frac{3.509}{\sqrt{2}} = 2.481$$

検定統計量は例 7.1 の分散分析表（表 7.2）から $V_E = 0.39$ であり，したがって

$$t(1,2) = \frac{|14.5 - 14.35|}{\sqrt{0.39\left(\frac{1}{10} + \frac{1}{10}\right)}} = 0.537 < 2.481$$

$$t(1,3) = \frac{|14.5 - 13.17|}{\sqrt{0.39\left(\frac{1}{10} + \frac{1}{10}\right)}} = 4.762 > 2.481$$

$$t(2,3) = \frac{|14.35 - 13.17|}{\sqrt{0.39\left(\frac{1}{10} + \frac{1}{10}\right)}} = 4.225 > 2.481$$

となる．

母平均 μ_1 と μ_2 については判定できないが，母平均 μ_1 と μ_3，μ_2 と μ_3 に有意な差がある．つまり，第3群だけが他の群と異なり，第1群，第2群と有意な差がある．第2群と第3群の差は判定できない．

7.2.3 Dunnettの方法

一つの母平均に対して他の母平均を対比較する多重比較法が **Dunnett（ダネット）の方法** である．検定統計量式(7.5)を Dunnett 法の棄却限界値と比較する．比較の回数が少ないので Dunnett 法の棄却限界値は Tukey 法の棄却限界値より小さい．

Dunnett 法の棄却限界値 $d(a, \nu_E ; 0.05)$ は『統計的多重比較法の基礎』の統計数値表から求める．一般に $a>2$ のとき $d(a, \nu_E ; 0.05) > t(\nu_E ; 0.025)$ である．したがって，検定統計量の値によっては t 検定では有意でも Dunnett 法では有意とならない．Dunnett 法の棄却限界値は Tukey 法の値より小さいので，Tukey 法で有意でなくても Dunnett 法では有意になる．一つの母平均に対して他の母平均を比較するときは Tukey 法より Dunnett 法の検出力は高い．

【例7.3】 例7.1のデータについて各群の母平均 μ_1 と μ_2，μ_1 と μ_3 について Dunnett 法で比較する．

〈考え方〉

棄却限界値は『統計的多重比較法の基礎』の統計数値表から
$$d(3, 27 ; 0.05) = 2.333$$
これは Tukey 法の棄却限界値 2.481 より小さい．

検定統計量を棄却限界値と比較して
$$t(1,2) = 0.537 < 2.333$$
$$t(1,3) = 4.762 > 2.333$$

となる．

母平均 μ_1 と μ_2 については判定できないが，母平均 μ_1 と μ_3 に有意な差があると判定する．

7.2.4 その他の多重比較法

対照群，薬物低用量群，薬物中用量群，薬物高用量群と無作為割り付けし，各群について薬物の効果を表すパラメータを測定比較するとき，
母平均について単調増加性

$$\mu_1 \leqq \mu_2 \leqq \cdots\cdots \leqq \mu_n$$

あるいは単調減少性

$$\mu_1 \geqq \mu_2 \geqq \cdots\cdots \geqq \mu_n$$

が想定される場合がある．

このとき対照群に対して薬物高用量群，薬物中用量群，薬物低用量群を順次対比較する場合は棄却限界値をDunnett法の棄却限界値より小さくすることができる．この多重比較法が**Williams（ウイリアムズ）の方法**である．標本平均が単調に増加または減少しているとき対比較の検定統計量式(7.5) をWilliams法の棄却限界値と比較する．

【例7.4】 例7.1のデータについてWilliams法で母平均μ_1とμ_3，μ_1とμ_2を順次対比較する．

〈考え方〉

棄却限界値は『統計的多重比較法の基礎』の統計数値表から

μ_1とμ_3の比較について：$w(3, 27 ; 0.025) = 2.117$

μ_1とμ_2の比較について：$w(2, 27 ; 0.0025) = 2.052$

となり，いずれもDunnett法の棄却限界値2.333より小さい．

検定統計量を棄却限界値と比較して

$t(1, 3) = 4.762 > 2.117$

$t(1, 2) = 0.537 < 2.052$

となる．

母平均μ_1とμ_3に有意な差があるが，母平均μ_1とμ_2については判定できない．

Williamsの方法の棄却限界値は小さいので，その検出力はDunnett法やTukey法より高い．これは母平均の単調性を想定しているからである．母平均に単調性がある場合も標本平均ではばらつきにより単調な順序とならず，逆転がみられることもある．そのときは母平均に単調な順序関係を想定した母平均の推定値[2]を用いて検定統計量を求める．

問題は，母平均に単調な順序を想定してよいかということである．薬物の投与量の段階で群を構成するとき，多くの薬物の多くの作用に母平均の単調な順序がみられる．しかし，中用量群で影響がピークになり，高用量群では減少するような作用もときにみられる[3]．この作用はWilliams法では見逃すことになる．

このように統計的多重比較法にはいくつかの方法があり，何を比較したいか，何が想定できるかによって適用する方法が異なる．またこれらの方法にはそれぞれ対応するノンパラメトリックな方法も提案されている．各方法の検定統計量の求め方と棄却限界値の表は，例えば『統計的多重比較法の基礎』[2]を参照してほしい．統計的多重比較法の棄却限界値やp値はExcelでは求められない．これらはSASなどの統計解析ソフトウェアで求められる．SASを利用した統計的多

7 多群の比較

重比較法による解析は，例えば章末の参考文献に示す『実用 SAS 生物統計ハンドブック』を参照してほしい．

演習問題

7.1 表 7.1 のデータを Excel 分散分析で解析し，表 7.2 の分散分析表が得られることを確かめなさい

【解　答】

次のような分散分析表が得られる．

分散分析：一元配置
概要

グループ	標本数	合計	平均	分散
列 1	10	145.0	14.50	0.5778
列 2	10	143.5	14.35	0.3694
列 3	10	131.7	13.17	0.2112

分散分析表

変動要因	変動	自由度	分散	観測された分散比	p 値	F 境界値
グループ間	10.61	2	5.306	13.74	7.65E-05	3.354
グループ内	10.43	27	0.3861			
合計	21.04	29				

7.2 表 7.1 のなかで第 1 群と第 2 群のデータだけを Excel の分散分析で解析しなさい．p 値はいくらになりますか？この p 値は 5 章の演習問題で得られた p 値と一致しますか？

【解　答】

　　$p=0.6319$ で一致している．

Topic：傾向性の検定（Cochran Armitage 検定）

多群の母比率について多重性を考慮して比較するときは Bonferroni の方法で行う．しかし，多群が薬物投与量で構成されているときは，薬物用量の増加とともに母比率が増加あるいは減少しているかについて傾向性の検定ができる．これを **Cochran-Armitage**（コクラン・アーミテージ）**の検定**という．

一般にデータが表 7.3 のように得られるとき，第 i 群は母比率を π_i として二項分布 $B(n_i, \pi_i)$ に従う．

帰無仮説を
　　$\pi_1 = \pi_2 = \cdots\cdots = \pi_a$
対立仮説を

表 7.3　データの一般形

群	薬物用量	出現数	標本の大きさ
第 1 群	d_1	x_1	n_1
第 2 群	d_2	x_2	n_2
…	…	…	…
第 a 群	d_a	x_a	n_a

π_i は d_i と直線関係をもつ
として仮説検定する．そのとき

$$n = n_1 + n_2 + \cdots\cdots + n_a,$$

平均用量 $\bar{d} = (n_1 d_1 + n_2 d_2 + \cdots\cdots + n_a d_a)/n,$

平均出現率 $\bar{p} = (x_1 + x_2 + \cdots\cdots + x_a)/n$

から検定統計量

$$T = \frac{\sum (d_i - \bar{d}) x_i}{\sqrt{\{\bar{p}(1-\bar{p}) \sum n_i (d_i - \bar{d})^2\}}}$$

を求めると，検定統計量 T は帰無仮説のもとで標準正規分布に従う．そこで p 値を求めることができ，帰無仮説を否定できるか否かの判定ができる．薬物の対数用量と直線関係にあるかどうかの検定には薬物の用量の代わりにその対数を用いる．

【例 7.5】 リピトールの血清総コレステロール値が 220 mg/L 以上の成人を対象とした臨床試験は被験者を無作為に 4 群に割り付け，リピトール錠 2.5 mg，5 mg，10 mg，20 mg を 12 週投与している．投与後血清総コレステロール値が 220 mg/L 以下に低下し正常化した被験者の数を表 7.4 に示す[4]．このデータから血清総コレステロール正常化率はリピトールの用量とともに直線的に増加する傾向にあるか Cochran-Armitage の検定で判定する．

表 7.4 血清総コレステロール正常化症例数

群	用量(mg)	正常化症例数	例 数
第1群	2.5	30	52
第2群	5	29	51
第3群	10	37	51
第4群	20	45	52

[*Prog. Med.*, **18**(1998) より引用]

〈考え方〉

$$n = 206, \quad \bar{p} = \frac{141}{206} = 0.684, \quad \bar{d} = \frac{1935}{206} = 9.393, \quad \bar{p}(1-\bar{p}) = 0.216$$

$$T = \frac{(2.5-9.393) \times 30 + (5-9.393) \times 29 + (10-9.393) \times 37 + (20-9.393) \times 45}{\sqrt{0.216 \times \{52 \times (2.5-9.393)^2 + 51 \times (5-9.393)^2 + 51 \times (10-9.393)^2 + 52 \times (20-9.393)^2\}}}$$

$$= \frac{165.56}{44.87} = 3.69$$

標準正規分布の累積確率を求める Excel の関数 NORMSDIST から

$$\text{NORMSDIST}(3.69) = 0.99988$$

$$p = (1 - 0.99988) \times 2 = 0.0002$$

となり，血清総コレステロール正常化率はリピトールの用量とともに直線的に増加する傾向にあると判定する．

引用文献

1) 堀井郁夫，他，薬理と治療，**13**, Suppl.2, 226 (1985).
2) 永田　靖，吉田道弘，"統計的多重比較法の基礎"，サイエンティスト社 (1997).
3) 榊　秀之，他，*J. Toxicol. Sci.*, **125**(2), 71～81 (2000).
4) 中村治雄，他，*Prog. Med.*, **18**(7), 1690 (1998).

参考文献

臨床評価研究会，"実用 SAS 生物統計ハンドブック"，サイエンティスト社 (2005).

8 相関分析と回帰分析

二つの特性が一対となって観測されたデータの組があるとき，この二つの特性の間にどのような関連性があるかをみる方法に相関分析と回帰分析とがある．

8.1 相関分析

二つの変量の関連性の強さをみるのが**相関分析**である．

8.1.1 散布図

n 組の2変量の測定値 (x_1, y_1)，(x_2, y_2)，(x_n, y_n) において，変量 x を横軸に，変量 y を縦軸にとり，この n 組の測定値を xy 平面上にプロットしたものを散布図という．

年齢と血圧（収縮期）の関係は年齢とともに血圧が高くなることが知られている．表8.1は年齢と収縮期血圧を示したものである．図8.1は表8.1の年齢-血圧の男女別散布図を図示したものである．

散布図より，収縮期血圧は男性，女性とも年齢の増加に伴って高くなっていく正の関係があることがうかがえる．このように xy 平面に n 組の測定値をプロットしてみることによって x と y との関係がいっそうはっきりする．

散布図において，二つの変量 x，y の一方が変化するとき他方も変化するという傾向があり，特に，2変量間に直線関係に近い傾向がみられるとき，x と y との間に相関があるという．x と y のどちらか一方が増加するとき他方も増加す

表 8.1 性・年齢別収縮期血圧値

年齢：(x)	血圧(mmHg)：(y)	
	男性	女性
35	123.7	113.6
45	130.3	123.4
55	137.5	132.5
65	142.1	140.3
75	146.2	144.7

8 相関分析と回帰分析

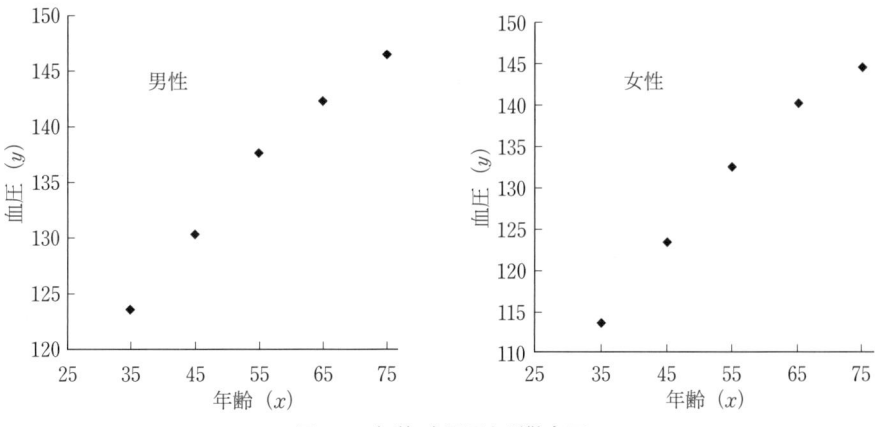

図 8.1 年齢-血圧男女別散布図

る傾向があるとき，正の相関があるといい，他方が減少するとき，負の相関があるという．点が一様にちらばっているような場合には相関がないという．

a. Excel による散布図の描き方

散布図を作成したい 2 変量のセル範囲を選択し「挿入メニュー」の「グラフ」から散布図のグラフウイザードを呼び出し，ウイザードに従いタイトル，数値軸等入力後，目盛線などを調整し，グラフを完成させる．

8.1.2 相 関 係 数

二つの変量の関連性の程度を表す尺度としては，相関係数が最も広く利用されている．**相関係数**は二つの変量がどの程度直線的な関係にあるかを数値化したものである．

a. ピアソンの積率相関係数

二つの特性を連続変量とし x, y で表す．変量 x, y について大きさ n の標本 $(x_1, y_1), (x_2, y_2), \ldots, (x_n, y_n)$ が得られたとき，式(8.1) で定義される r を標本相関係数という．これはまた，ピアソンの積率相関係数と呼ばれる．

$$r = \frac{\sum_{i=1}^{n}(x_i - \bar{x})(y_i - \bar{y})}{\sqrt{\sum_{i=1}^{n}(x_i - \bar{x})^2(y_i - \bar{y})^2}} \tag{8.1}$$

ただし，$\bar{x} = \sum_{i=1}^{n} x_i / n$, $\bar{y} = \sum_{i=1}^{n} y_i / n$

r については次のことが成立する．

(1) r の値域は $-1 \leqq r \leqq 1$ である．
(2) $r = 1$ となるのは $(x_i, y_i)(i = 1, 2, \ldots, n)$ がすべて一直線上にある場合であり，また，その場合に限られる．

r が 0 に近い値をとるとき二つの変量の間には直線的関連がないことを意味するが，関連性を否定するものではない．

r の絶対値によって次のような相関の強さが示される．

0 〜0.2：ほとんど相関がない．
0.2〜0.4：やや相関がある．
0.4〜0.7：かなり相関がある．
0.7〜1.0：強い相関がある．

図 8.2〜8.5 は相関係数の値とデータのばらつきぐあいを示した図である．

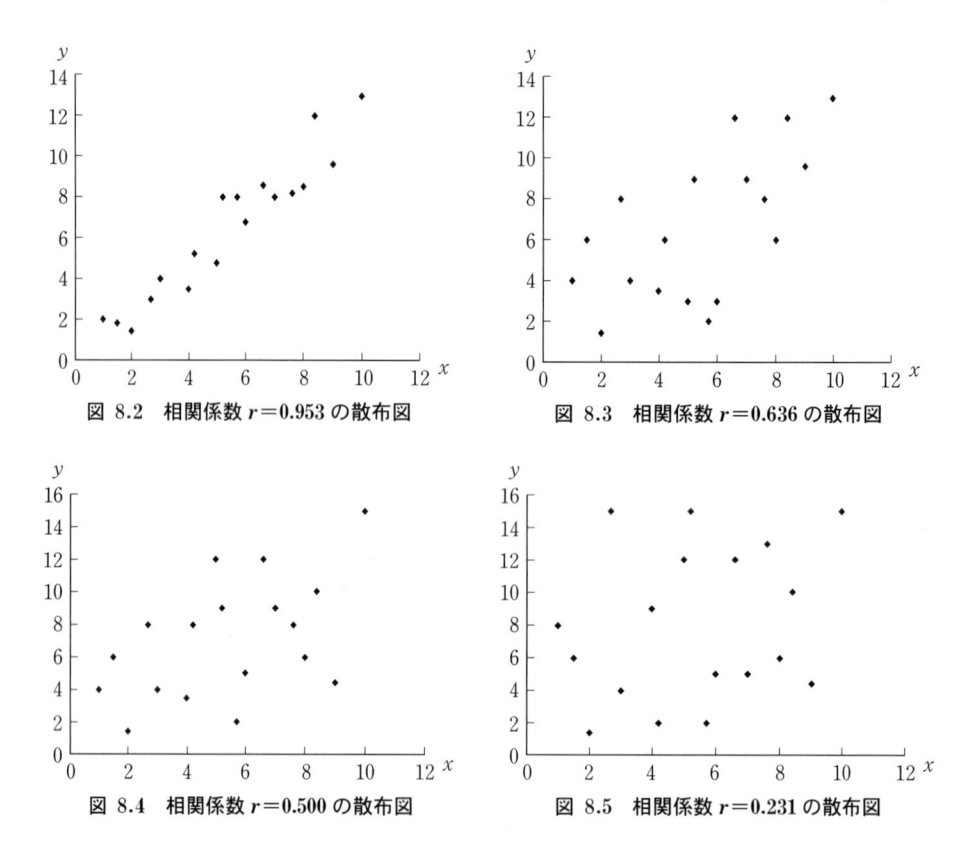

図 8.2 相関係数 $r=0.953$ の散布図

図 8.3 相関係数 $r=0.636$ の散布図

図 8.4 相関係数 $r=0.500$ の散布図

図 8.5 相関係数 $r=0.231$ の散布図

相関係数 r を計算する前に，**散布図**を描いてデータのばらつき具合いを確認しておくことは重要である．なぜならば，相関係数は 2 変量間の直線関係を前提としているので，グラフの上でおおよその直線関係が認められる場合に相関係数 r を計算するべきである．また，式 (8.1) の分子はそれぞれの偏差を掛け合わせて，全データについて合計したものであるから，飛び離れた値があるとその差は大きくなり，相関係数は大きく変わるので注意が必要である．

図 8.6 は，データが複数個の群から構成されている場合には，全体をまとめた相関係数の値は個々の群における相関係数とは異なることがある例である．これはフィッシャーのアイリスデータとして有名なデータであり，2 種類のアヤメのがく片の長さと幅の散布図である．それぞれの種類においては長さと幅の広い関

8 相関分析と回帰分析

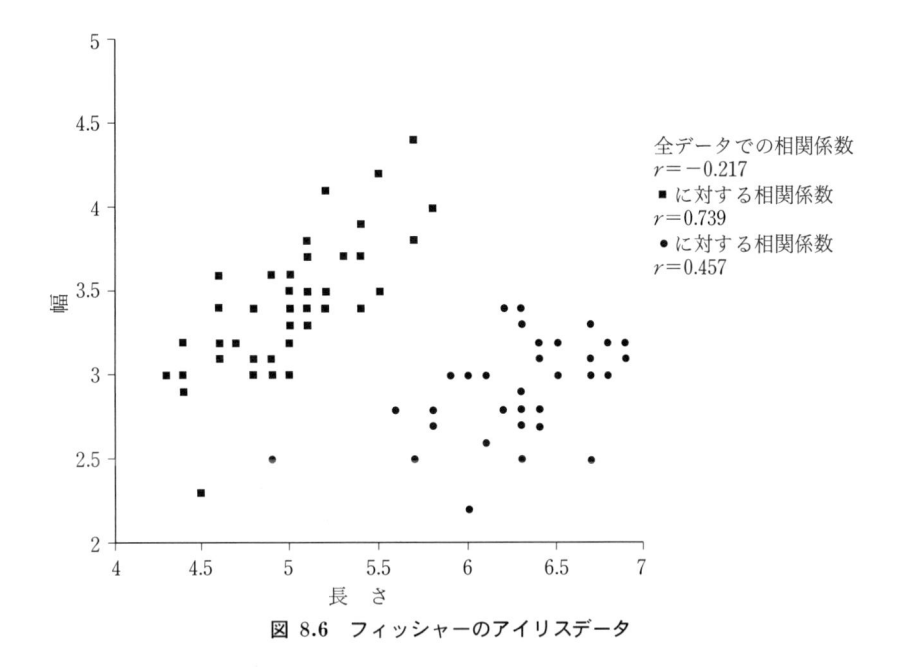

図 8.6 フィッシャーのアイリスデータ

係は，いずれも正の相関を示すが，種類を無視した全体では負の相関を示すようになる．それぞれについての相関係数を図 8.6 に示した．

b. Spearman の順位相関係数

二つの特性が著効，有効，無効などの順序尺度のような質的変量である場合，それらを大きさの順に並べて順位をつけて相関関係を知ることができる．

それぞれの順位を Rx_i, $Ry_i (i=1, 2, \cdots\cdots, n)$ とすると，Spearman（スピアマン）の順位相関係数 r_s は式(8.2) で表される．

$$r_s = \frac{\sum (Rx_i - Rx)(Ry_i - Ry)}{\sqrt{\sum (Rx_i - Rx)^2 \sum (Ry_i - Ry)^2}} = 1 - \frac{6d^2}{n(n^2-1)} \tag{8.2}$$

ただし，$d^2 = \sum (Rx_i - Ry_i)^2$

順位相関係数も $-1 \leq r_s \leq +1$ の範囲にあり，その程度は $+1$ あるいは -1 に近いほどその関係は強くなる．

c. Excel でのピアソンの相関係数

CORREL(配列 1, 配列 2)，あるいは，PEARSON(配列 1, 配列 2) で求められる．これらで求まる相関係数は同一である．例えば，表 8.1 年齢と血圧の男性，女性のそれぞれの相関関数を，CORREL あるいは PEARSON で求めると男性では $r = 0.9938$，女性では $r = 0.9911$ である．

8.1.3 相関係数の検定

母集団の相関係数を ρ，標本の相関係数を r とするとき，母相関係数につい

ての $H_0: \rho = 0$, $H_1: \rho \neq 0$ の検定は以下のように行う．

r の標準誤差は $s_r = \sqrt{\dfrac{n-2}{1-r^2}}$ となるので，これを用いて

$$t = \frac{r}{s_r} = |r| \sqrt{\frac{n-2}{1-r^2}} \tag{8.3}$$

この t の値が自由度 $n-2$ の t 分布に従うことにより判定する．

8.1.4　相関係数の 95% 信頼区間

次の統計量 $Z = \dfrac{1}{2} \ln \dfrac{1+r}{1-r}$ は n が大きいとき正規分布 $N\left(\dfrac{1}{2} \ln \dfrac{1+\rho}{1-\rho}, \dfrac{1}{n-3}\right)$ なることを利用して，95% 信頼区間を $\dfrac{1}{2} \ln \dfrac{1+r}{1-r} \pm 1.96 \dfrac{1}{\sqrt{n-3}}$ によって求める．信頼区間の下限を a, 上限を b とすると，逆変換することにより

$$\left(\frac{e^{2a}-1}{e^{2a}+1}, \frac{e^{2b}-1}{e^{2b}+1} \right) \tag{8.4}$$

で与えられる．

8.2　回帰分析

相関分析では二つの変量 (x, y) の関連の強さを考え，関連が強い場合には二つの変量の間には直線的な関係があることを説明した．相関分析では，二つの変量の間に関係があるかどうかを調べることであるが，**回帰分析**の目的は二つの変量間にどのような関係があるかをみるもので，一方の変量で他方の変量の変動をどのくらい説明できるか，あるいは，予測できるかを示すことである．その説明関係を回帰方程式を用いて定量的に表すことである．すなわち，説明される変数を y で表し，これを**目的変数，従属変数**などと呼ぶ．また，説明する変数を x で表し，**説明変数，独立変数**などという．説明変数が一つのみの場合を**単回帰分析**，複数個ある場合を**重回帰分析**という．ここでは単回帰分析について述べる．

8.2.1　単回帰分析

二つの特性値に関する n 組の測定値 (x_1, y_1), (x_2, y_2), ……, (x_n, y_n) において，x_i を説明変数，y_i を目的変数とする．x_i と y_i の間には

$$y_i = \alpha + \beta x_i + \varepsilon_i \tag{8.5}$$

という関係があるとする．これを**単回帰モデル**という．これは，母集団の母回帰直線である．α は**切片**，β は**直線の傾き**を表す．β は**回帰係数**とも呼ばれ x による寄与を表す．いずれも未知の定数項である．ε_i を**誤差項**と呼び，偶然変動する確率変数とみなされる．

表 8.1 の年齢 (x) - 血圧 (y) の男性の場合を例に単回帰分析を考えてみる．この場合，説明変数 x は年齢に，目的変数 y は血圧に対応している．相関分析のところで求めた散布図（図 8.1）および相関係数（$r=0.9938$）の値より，x と y との関係には正の相関があり，直線で表されることが予測される．

図 8.7 には全体に最も当てはまりのよい直線が引かれているが，このような直線を回帰直線とよぶ．また，この回帰直線は $y=104.72+0.568x$ という一次関数で与えられている．この回帰直線から，年齢の 1 歳（$x=1$）の増加は，約 57%程度の血圧の増加をもたらすことがわかる．

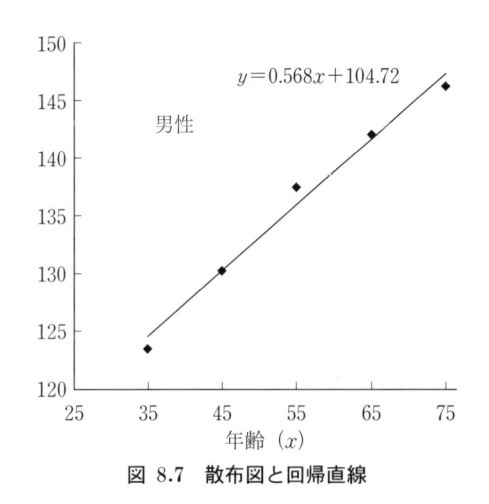

図 8.7 散布図と回帰直線

以下において，この回帰直線をどのようにして求めるかを説明する．

8.2.2 最小二乗法による回帰式の決定

n 組の測定値 (x_1, y_1)，(x_2, y_2)，……，(x_n, y_n) から，単回帰モデル式(8.5)における未知定数項 α，β の推定値 a，b を**最小二乗法**で求める．

単回帰モデルでは y を x の一次式 $y=a+bx$ で予測する．

今，回帰直線が決定できたとし，回帰直線式を $y=a+bx$ で表す．x_i に対する回帰直線上の値を $\hat{y}_i$ とする．$\hat{y}_i$ は x_i からの y_i の推定値を示す．記号 ^ をハットと読む．

最小二乗法とは各測定値について測定値 y_i と推定値 $\hat{y}_i$ との差（残差）$y_i - \hat{y}_i$ の 2 乗を求め，その総和

$$Q(a, b) = \sum_{i=1}^{n}(y_i - \hat{y}_i)^2 = \sum_{i=1}^{n}\{y_i - (a+bx_i)\}^2$$

を最小にする a と b を定める方法である（図 8.8 参照）．

$Q(a, b)$ を a および b で偏微分し 0 とおき，

$$\frac{\partial Q}{\partial a} = -2\sum_{i=1}^{n}\{y_i - (a+bx_i)\} = 0$$

$$\frac{\partial Q}{\partial b} = -2\sum_{i=1}^{n}x_i\{y_i - (a+bx_i)\} = 0$$

図 8.8　回帰直線

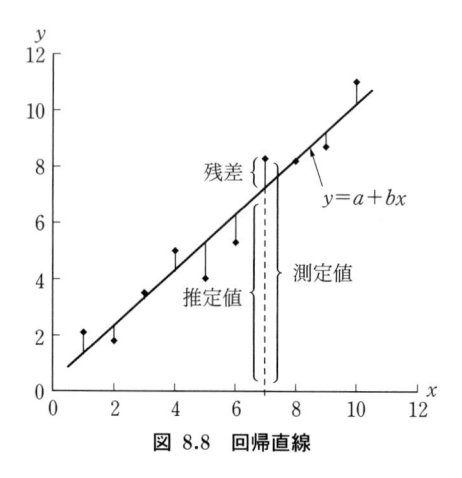

の連立方程式から

$$b = \frac{\sum_{i=1}^{n}(x_i - \bar{x})(y_i - \bar{y})}{\sum_{i=1}^{n}(x_i - \bar{x})^2}$$

$$a = \frac{1}{n}\sum_{i=1}^{n} y_i - b\frac{1}{n}\sum_{i=1}^{n} x_i = \bar{y} - b\bar{x}$$

a と b が求まる．この a と b を使って

$$y = a + bx \tag{8.6}$$

あるいは，

$$y = \bar{y} + b(x - \bar{x}) \tag{8.7}$$

となる．これを「x に対する y の回帰直線」と呼ぶ．

「x に対する y の回帰直線」を求める際に，y のばらつきに比べて x のばらつきは無視できることを前提としている．すなわち，x が確定された値で y が変量である．x のばらつきが無視できない場合，回帰直線式の導き方が異なるのでここで求めた方法は使用できない．

また，形式的には「y に対する x の回帰直線」を求めることができ，その場合には $x = a' + b'y$ となるが，$a \neq a'$，$b \neq b'$ である．

a.　Excel では，$y = a + bx$ とした場合

傾き $b =$ SLOPE(既知の y, 既知の x)，切片 $a =$ INTERCEPT(既知の y, 既知の x) で求められる．

または，散布図でどれからプロット点を右クリック→「近似曲線の書式設定(右)」クリック→「近似曲線のオプション」→「グラフに数式を表示する」にチェックを入れる→「閉じる」とすれば散布相に最小二乗法で求めた直線と a, b をそれぞれ数値で示した直線式が表示される．

8.2.3 決定係数

回帰分析では，説明変数 x の変動が目的変数 y の変動をどのくらい予測できるかが問題となる．回帰による予測値 $\hat{y}_i$ が観測値 y_i に近ければ近い方が回帰モデルの有効性が高く，説明変数 x で多くのことが説明できる．説明変数の予測の評価は**決定係数**の値で表される．

回帰直線式に x_i を代入して得られる y_i の推定値 $\hat{y}_i$ と y_i との差を d_i とすると，$d_i = y_i - \hat{y}_i$ が全体として小さいほど当てはまりがよい．

y の全変動を

$$S_y = \sum (y_i - \bar{y})^2$$

回帰によって説明できる変動（y の変動のうち x によって説明できる部分）を

$$S_R = \sum (\hat{y}_i - \bar{y})^2$$

回帰からの変動（当てはめられた回帰直線からの残差の変動による部分）を

$$S_e = \sum d_i^2 = \sum (y_i - \hat{y}_i)^2$$

として，全変動のうち，回帰によって説明できる部分の比を当てはまりの尺度とし，r^2 で表す．すなわち

$$r^2 = \frac{S_R}{S_y}$$

r^2 は 0 と 1 との間の値をとる．したがって，r^2 は目的変数のうちの何％が説明変数によって説明されるかを表す．

全変動は回帰による変動部分と回帰からの変動部分に分けられるから

$$S_y = S_R + S_e \tag{8.8}$$

となる．

Excel の関数

Excel では決定係数は RSQ(配列 1, 配列 2) で求まる．また，散布図を作成するときに「近似曲線のオプション」で「グラフに R-2 乗値を表示する」にチェックを入れると → R^2 値が表示される．

8.2.4 回帰直線の検定

検　定

回帰直線式を求めることに意味があるかどうか，あるいは，回帰が有意であるかは式(8.8)において S_R が S_e に対して無視できるどうかを検定することになる．この検定は分散分析により母回帰係数 $\beta = 0$ という帰無仮説を検定する．

表 8.1　分散分析表

要因	平方和	自由度	分散	F比
回帰	S_R	1	S_R	$F = \dfrac{S_R}{S_e/(n-2)}$
残差	S_e	$n-2$	$\dfrac{S_e}{n-2}$	
全体	S_y	$n-1$		

8.2.5　相関係数 r と決定係数 r^2

式(8.8)より $S_e = S_y - S_R$ であるから，$S_e = S_y\left(1 - \dfrac{S_R}{S_y}\right) = S_y(1 - r^2)$ が成り立つ．したがって，

$$\sum(y_i - \hat{y}_i)^2 = (1 - r^2)\sum(y_i - \bar{y})^2$$

となり，r^2 が ±1 に近いほど y_i は $\hat{y}_i$ に近づく．$r^2 = 1$ なら正確に $y_i = a + bx_i$ が成立する．すなわち，相関係数 r を二乗したものと同じである．しかし，相関係数 r はただ関連性の強さの指標であるが，決定係数 r^2 は説明の強さを表す指標である．

Excel の操作

Excel の「分析ツール」→「回帰分析」を使うと回帰分析に関連する多くのことを求めることができる．

1) 「ツール」→「分析ツール」（アドインにおく）→「回帰分析」の順に選択．Office 2007 Excel では「データ」→「データ分析」→「回帰分析」
2) 「入力 Y 範囲」に目的変数とする 1 列のデータ範囲を入力（ラベルも含めるとよい）．
3) 「入力 X 範囲」に説明変数とする複数列（1 列であれば単回帰）のデータ範囲を入力（ラベルも含めるとよい）．
4) 「OK」ボタンをクリックすると，概要および散布図が出力される．

表 8.1 の年齢 (x)-血圧 (y) の男性の場合に対して分析ツールの回帰分析を行うと，次のような概要が出力される（有意水準 $\alpha = 0.05$ を選択した場合）．

概要

回帰統計	
重相関 R	0.992873479
重決定 R2	0.985797746
補正 R2	0.981063662
標準誤差	1.244722191
観測数	5

分散分析表

	自由度	変動	分散	観測された分散比	有意 F
回帰	1	322.624	322.624	208.2340792	0.000721415
残差	3	4.648	1.549333333		
合計	4	327.272			

	係数	標準誤差	t	p 値	下限 95%	上限 95%	下限 95.0%	上限 95.0%
切片	104.72	2.235307585	46.8481388	2.14132E-05	97.60625364	111.8337464	97.60625364	111.8337464
x 値 1	0.568	0.039361572	14.43031806	0.000721415	0.442733911	0.693266089	0.442733911	0.693266089

この表より，次のことが読み取れる．

$$S_R = 322.624, \quad S_e = 4.648, \quad V_R = 322.624, \quad V_e = 1.54933, \quad \frac{V_R}{V_e} = 208.2340$$

分散分析表中の「有意 F」の数値（p 値）0.000721415 は確率を表し，有意 $F < 0.05$ なので $H_0: b = 0$ は棄却される．したがって，この回帰直線は有効であることがわかる．また，回帰直線の方程式は

$$y = 0.568x + 104.72$$

回帰係数 a，b の 95% 信頼区間はそれぞれ

[97.6063, 111.8337],　　　　　[0.4427, 0.6933]

である．

8.2.6 検量線の作成

薬学の分野ではある物質の濃度を求めることが多くある．その場合いろいろな濃度の標準溶液を準備し，濃度 x に対する応答（例えば，吸光度など）y の回帰直線式を求めたのち，目的とする物質を含む未知試料の濃度 x_0 について応答 y_0 を測定し，回帰直線式から y_0 に対応する濃度 x_0 を推定する．この回帰直線を**検量線**という．同様に，薬剤の用量-反応直線も求めることができる．この場合には，x として薬剤の用量を取り，反応 y を観測して用量-反応直線を作成し，未知の x_0 に対する反応 y_0 を観測し，x_0 を推定する．

y_0 は変数型で x_0 は固定であるから，検量線としては式(8.6)を用いて逆推定する．すなわち，一つの測定値 y_0 に対する x_0 の推定値を

$$x_0 = \frac{y_0 - a}{b} \tag{8.11}$$

で求める．

式(8.7)を用いれば

$$x_0 = \bar{x} + \frac{y_0 - \bar{y}}{b} \tag{8.12}$$

となる．

【例 8.1】 濃度が 0.0 ppm，1.0 ppm，2.0 ppm，3.0 ppm，4.0 ppm のブランク溶液および標準溶液を用意し，標準定量操作に従って定量し，それぞれの吸光度が 0.0，0.16，0.30，0.44，0.59 であった．未知試料の吸光度を測定したら $y_0 = 0.33$ の値が得られた．Excel で直線回帰を行うと $y = 0.146x + 0.006$ の検量線が得られる（図 8.8）．

表 8.2

濃度(ppm)	吸光度
0	0
1	0.16
2	0.3
3	0.44
4	0.59

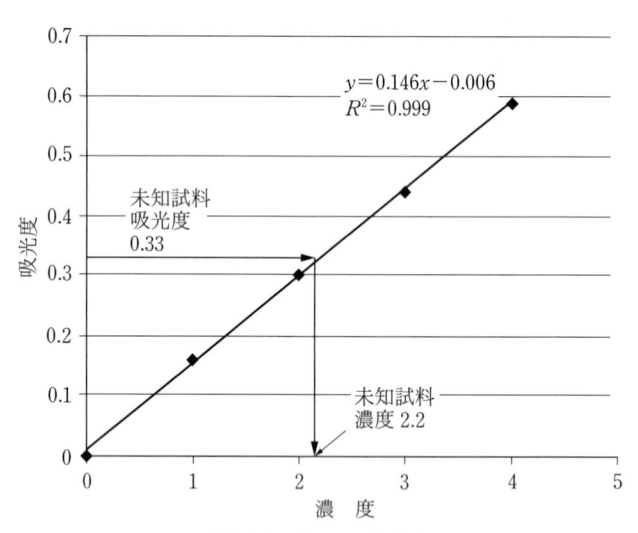

図 8.8 例 8.1 の検量線

検量線のグラフに表示されている R^2 は r^2 と同一である．

式(8.11) より

$$x_0 = \frac{0.33 - 0.006}{0.146} = 2.2$$

を得る．

したがって，未知試料の濃度は 2.2 ppm となる．

演習問題

8.1 表8.3は成人男子14人における体重および体脂肪率の値である．年齢-体重，年齢-体脂肪率，体重-体脂肪率それぞれについて相関・回帰分析を行ってみよ．

表 8.3

	性別	年齢	体重(kg)	体脂肪率
1	男	53	80.4	42
2	男	50	55.1	31.1
3	男	58	77.3	33
4	男	39	61.8	31.4
5	男	53	69.2	34.7
6	男	41	54.9	25.9
7	男	58	76.2	33.8
8	男	56	60.8	32.5
9	男	57	65	30.3
10	男	54	61.4	29.1
11	男	61	63.2	34.5
12	男	49	65.9	25.2
13	男	60	52.9	41.1
14	男	23	61.9	27.9

[The American Journal of Clinical Nutrition 40, 834–839 1984, Total body composition by dual-photon (^{153}Gd) absorptiometry. より一部引用]

【解　答】

略

Topic：非線形最小二乗法：$y=A[\exp(-Bt)-\exp(-Ct)]$ への回帰，ソルバーの使い方

経口投与薬物の血漿中濃度や代謝薬物の血漿中濃度 y の時間推移は

$$y=A[\exp(-Bt)-\exp(-Ct)] \tag{8.13}$$

と二つの指数関数で近似できることが多い．図8.10は式(8.13)のグラフで，濃度は0から始めは時間とともに増加し，最大値に達したのちは次第に減少する．

このような時間推移を表すためには，B は C に比べて小さな定数である必要がある．

時間 t が小さいときは

$$\exp(-Bt)\approx 1.0$$
$$y\approx A[1-\exp(-Ct)]$$

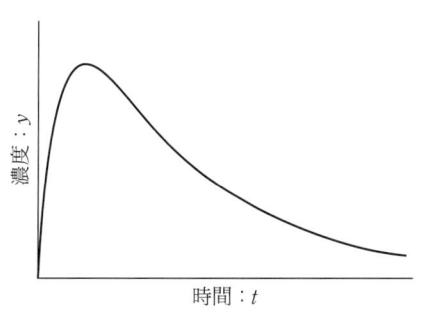

図 8.10　式(8.13)のグラフ

となり，初期の濃度の増加を表すことができる．

時間 t が大きいときは

$$\exp(-Ct) \approx 0$$
$$y \approx A\exp(-Bt)$$

となり，後期の濃度の減少を表すことができる．

濃度が半分に減少する時間を半減期 $t_{\frac{1}{2}}$ と呼ぶが，定数 B とは

$$t_{\frac{1}{2}} = \frac{\ln 2}{B} = \frac{0.693}{B}$$

という関係にある．

血漿中濃度の推移のデータに対して式(8.13)を仮定して最小二乗法で未知の定数 A, B, C を求めることになるが，式(8.13)は線形ではない．そこで適当な A, B, C の値に対して式(8.13)で y を計算し，測定値との偏差の二乗和が最も小さくなるように試行錯誤で最適な A, B, C を求める．これが**非線形最小二乗法**で，Excel では**ソルバー**を用いる．

【例 8.2】 リピトールの薬物動態試験のデータの一部を表 8.4 に引用する．1 人の被験者の 40 mg 投与後の活性代謝物濃度の時間推移である．このデータを近似する式(8.13)の A, B, C を非線形最小二乗法で求める．

〈考え方〉

Excel のセル A2:B13 に表 8.4 のデータを図 8.11 のように入力する．定数 A, B, C の初期値を例えば次のように求め，セル B14:B16 に入力する．

濃度の最大値から

$A = 10$,

12 時間後の濃度は 3 時間後の濃度の約半分なので半減期は 9 時間と推定し

表 8.4

時間	濃度
0	0
0.5	0.94
1	4.06
2	6.48
3	10.28
4	9.82
6	9.5
8	7.63
12	4.69
24	1.06
36	0.79
48	0

[大石紫満子, 他, 薬理と治療, **26**(8), 1253～1266 (1998) より引用]

	A	B	C	D	E
C2			f_x =B\$14*(EXP(-B\$15*A2)-EXP(-B\$16*A2))		
1	時間	測定値	予測値	偏差	偏差二乗
2	0	0	0	0	0
3	0.5	0.94	1.213043	-0.27304	0.074553
4	1	4.06	2.18731	1.87269	3.506967
5	2	6.48	3.571984	2.908016	8.456556
6	3	10.28	4.40108	5.87892	34.5617
7	4	9.82	4.848417	4.971583	24.71664
8	6	9.5	5.049671	4.450329	19.80543
9	8	7.63	4.775637	2.854363	8.147387
10	12	4.69	3.812893	0.877107	0.769316
11	24	1.06	1.573074	-0.51307	0.263245
12	36	0.79	0.62533	0.16467	0.027116
13	48	0	0.248226	-0.24823	0.061616
14	A=	10		二乗和=	100.3905
15	B=	0.077			
16	C=	0.3465			
17					

図 8.11 Excel のデータと計算式

$B = 0.693/9 = 0.077$,
投与 1 時間後の濃度が 3 時間後に倍増しているので
$C = 0.693/2 = 0.3465$

C 列に式 (8.13) による予測値，D 列に予測値と測定値との偏差，E 列に偏差二乗和，セル E14 に偏差二乗和を計算する．

時間と予測値，測定値の散布図のグラフを作ると，予測値が測定値とどれだけ合っているかがわかる．図 8.12 は初期値を用いた予測値と測定値の散布図である．大きくかけ離れている．

セル E14 をアクティブにしてリボン：「データ」タブ→「分析」グループからソルバーを選択すると，図 8.13 のような「ソルバー：パラメータ設定」ダイアログボックスが現れる．このダイアログボックスで「目標値：」は「最小値」をチェックし，「変化させるセル：」には定数 A，B，C のあるセルを絶対参照で入力し，実行する．

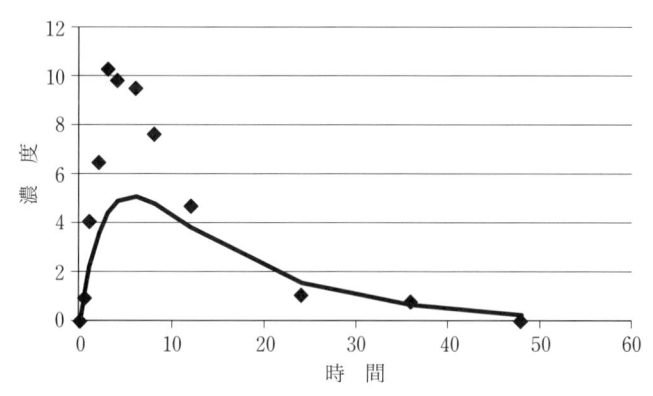

図 8.12 初期値により予測（線）と測定値（マーカー）

図 8.13 「ソルバー：パラメータ設定」ダイアログボックス

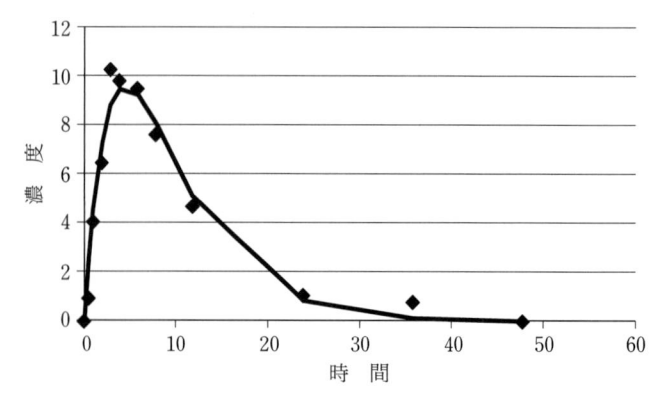

図 8.14 最小二乗法による予測値（線）と測定値（マーカー）

　偏差二乗和が 100.3905 から 6.585 となり，予測値と測定値のグラフは図 8.12 から図 8.14 のように変化する．定数 A, B, C も初期値から $A=95.37$, $B=0.187$, $C=0.246$ と変化する．

　このように，ソルバーで非線形回帰式の未知パラメータを求めることができる．

9 多変量解析

　医療の場での，ある対象から得られるデータは，多くの項目や特性からなるのが普通である．このような，お互いに関連のある多項目のデータを多変量データといい，これらのデータをまとめて要約する手法を多変量解析という．多変量解析には種々の手法があるが，ここでは，重回帰分析とロジスティック重回帰分析について述べる．

9.1 重回帰分析

　8.2 で述べたように，回帰分析を行う目的は
（1） 目的変数の予測式を求めること
（2） 目的変数に対する各説明変数の影響の程度を知ること
という場合である．
　例えば，人の体重を身長，胸囲，腰回りから予測する式を求める場合が（1）であり，高血圧に対して，年齢，食塩摂取量，アルコール摂取量，喫煙等がどのような影響を及ぼすのかを調べたいのならば（2）の場合である．
　重回帰分析は 8.2.1 で述べた単回帰分析を多変量に拡張したもので，目的変数に直線的な影響を与えている多種類の説明変数を用いて，その影響を分析する手法である．説明変数 x_i，目的変数 y_i とする．x_i と y_i の間には

$$y_i = \beta_0 + \beta_1 x_1 + \beta_2 x_2 + \cdots + \beta_j x_j + \cdots + \beta_n x_n + \varepsilon_i \quad (j=1, 2, \cdots, n)$$

の関係があると仮定する．
　このような式は，説明変数が n 個ある場合の「重回帰式」と呼ばれ，重回帰モデルと呼ばれる．β_0 は切片，β_j を偏回帰係数と呼ぶ．説明変数の目的変数えの影響の有無は，この偏回帰係数が 0 か否かの検定を行うことで調べることができる．
　単回帰分析と同様に重回帰分析も最小二乗法等により未知パラメータ β_j の推定値 $\hat{\beta}_j$ を求めるが，実際の計算は複雑で統計ソフトを用いることをすすめる．

9.1.1 重回帰分析の結果の解釈

a. 偏回帰係数

　偏回帰係数は他の説明変数が一定という条件である説明変数が一変化したとき

に目的変数がいくつ変化するかを表す値である．符号が変化の方向を示し，絶対値が目的変数に与える影響の強さを表す．例えば $\hat{\beta}_1$ を例にとると，他の独立変数 $(x_2, \cdots, x_j, x_n)$ の値を一定にしたときの x_1 の効果を表す．

一般には，各説明変数の単位やばらつきが異なるので，そのままの値で影響の強さを比較することはできない．

b. 標準偏回帰係数

説明変数 x_i，目的変数 y_i をそれぞれ平均を 0，標準偏差を 1 に標準化し，各変数を単位，ばらつきの大きさともに無関係な値にしてから重回帰式を計算する．これで求めた偏回帰係数を標準偏回帰係数と呼ぶ．標準偏回帰係数はある説明変数が 1 標準偏差変化したとき，目的変数が標準偏差単位でいくつ変化するかを表している．単位やばらつきとは無関係な値であるので，これらによって各説明変数の相対的な影響力を比較することができる．標準偏回帰係数の大きいほど，目的変数に与える影響が大きく，寄与の大きい変数であるといえる．

c. 重相関係数 R

重相関係数は R 実測値と重回帰式から求めた予測値との相関係数であり，目的変数と n 個の説明変数との相関性を表す．

d. 決定係数 R^2

R^2 の値は目的変数の全変動のうち n 個の説明変数によって説明できる割合を示す．重寄与率ともいう．この値が高いほど，重回帰分析の予測の精度が高いと解釈できる．

e. 自由度調整済み決定係数

決定係数や重相関係数は，説明変数の数を増やすと単純に増加する傾向がある．そこで，単純に説明変数の数を増やしても，決定係数が単純に増加しないように調整された決定係数をいう．

f. 回帰式の信頼性

全体の変動を回帰による変動と残差による変動とに分け，分散分析表を作成し重回帰式の信頼性を検定する．標準偏回帰係数で説明変数に対する影響の大きさをみることができるが，その大きさが偶然のものでないかを検定する必要がある．分散分析表の観測された分散比 F 値が大きければ，その説明変数の目的変数への影響は大きいものと考えてよい．

重回帰分析における目的変数は正規分布をとる連続変数であるが，説明変数はカテゴリー変数であってもよい．この場合，ダミー変数という変数を導入する．ダミー変数とは，0 か 1 の値をとる変数で，例えば性別を説明変数として使用したい場合には女性＝0，男性＝1 というように置き換える．

Excel の操作

分析ツールが読み込まれていれば，Excel 2003 までなら［ツール］メニューから，Excel 2007 では［データ］リボンから［データ分析］→「回帰分析」を選択．

表 9.1 児童 12 人の身長，体重，胸囲，座高の仮想データ

	体重(kg)	身長(cm)	胸囲(cm)	座高(cm)
1	37	148	59	76
2	44	156	71	80
3	46	162	72	84
4	49	158	78	83
5	35	145	70	79
6	38	155	72	81
7	45	159	80	86
8	30	141	67	72
9	48	161	76	89
10	38	151	73	77
11	33	143	68	77
12	42	153	75	79

身長，胸囲および座高が体重にどの程度関係するか重回帰分析をしてみる．Excel の回帰分析を用いると，概要として次のような結果が出力される．

表 9.2 Excel による回帰分析の概要

概要

回帰統計	
重相関 R	0.945482
重決定 R2	0.893936
補正 R2	0.854162
標準誤差	2.345418
観測数	12

分散分析表

	自由度	変動	分散	観測された分散比	有意 F
回帰	3	370.9088	123.6363	22.4753	0.000298
残差	8	44.00787	5.500984		
合計	11	414.9167			

	係数	標準誤差	t	p 値	下限 95%	上限 95%
切片	−82.3573	15.44747	−5.33145	0.000701	−117.979	−46.7354
X 値 1	0.702721	0.209568	3.353183	0.010033	0.219456	1.185986
X 値 2	0.093313	0.180598	0.51669	0.619349	−0.32315	0.509772
X 値 3	0.109617	0.338034	0.324277	0.754045	−0.66989	0.889125

X 値 1 が身長，X 値 2 が胸囲，X 値 3 が座高になる．
重回帰式
$$y(体重) = -82.3573 + 0.702721 \times X(身長) + 0.093313 \times X(胸囲)$$
$$+ 0.109617 \times X(座高)$$
を得る．

重寄与率 R^2（Excel の表では重決定 R2）は 0.893936 である．重寄与率が 89.4% であるから，体重の変動のうち約 89% が身長，胸囲，座高の変動によって説明できることを示している．

Excel の回帰分析では標準回帰係数が出力されないので Excel で標準回帰係数を計算するには，全部の変数を変数毎にそれぞれ標準化（平均 0，分散 1）してから重回帰分析を行う．こうすると，偏回帰係数が標準回帰係数に一致する．

表 9.1 の変数の値をすべて標準化した値で回帰分析を行うと次のように結果が出力される（概要の一部）．

	係数	標準誤差	t	p 値	下限 95%	上限 95%
切片	$-6.7E-16$	0.110242	$-6.1E-15$	1	-0.25422	0.254218
X 値 1	0.812491	0.242304	3.353183	0.010033	0.253736	1.371246
X 値 2	0.084501	0.163542	0.51669	0.619349	-0.29263	0.46163
X 値 3	0.083758	0.258293	0.324277	0.754045	-0.51187	0.679383

ここで，係数が標準回帰係数となる．身長，胸囲，座高のなかでは，身長の標準化係数は 0.812，胸囲の標準化係数は 0.085，座高の標準化係数は 0.084 である．したがって，体重に対しては，身長の影響が大きいことがわかる．また，Excel の分析ツールを使って重回帰分析を行うと，2 種類の検定結果が出力される．

（1）分散分析表，「母重相関係数は 0（ゼロ）である」という帰無仮説を検定．「母重相関係数が 0 ではない」という対立仮説が採択されれば重回帰式により説明できる目的変数の変動が統計的検定によっても確認できたことになる．

（2）偏回帰係数に続いて出力される t 検定の結果で，「偏回帰係数は 0 である」という帰無仮説を検定．偏回帰係数が有意ということは，その説明変数の目的変数に対する影響力が統計的にも確認できたということを意味する．ただし，説明変数の組み合わせを変えれば，偏回帰係数は変化するので注意が必要である．

表 9.2 には重相関係数 0.945 とその 2 乗の重決定係数 0.894 が表示されている．下側に重相関係数の検定のための F 値と自由度が示されている．F 値は 22.4753 であり，その p 値は 0.000298 と極めて高度に有意である．この結果は，求めた重回帰式が目的変数の予測に意味をもつことを示している．しかし，1 つずつの変数が有意に効いているか，回帰係数の検定をみると身長を除いては有意でない．

9.2 ロジスティック重回帰分析

ロジスティック重回帰分析は，1948年にアメリカのフラミンガムで開始された，フラミンガム研究（Framingham study）[1]のために開発されたものである．フラミンガム研究は冠状動脈性疾患に関する大規模なコホート研究であり，複数のリスクファクターが疾患に及ぼす影響を分析することを目的のひとつにしている．

このように，ロジスティック重回帰分析は医学分野で発展してきた手法で疾病の危険因子の探索，新しい治療法や予後因子の評価などに使われている．

ある疾患の発生率 p と非発生率 $(1-p)$ の比 $\dfrac{p}{1-p}$ をオッズといい，発生率が非発生率の何倍であるかを表す指標である．オッズの対数をとった値 $\log\dfrac{p}{1-p}$ （対数オッズ）をロジットと呼び，ロジットに対して，

$$\log\frac{p}{1-p} = \beta_0 + \beta_1 x_1 + \beta_2 x_2 + \cdots + \beta_j x_j + \cdots + \beta_n x_n + \varepsilon_i \quad (j=1,2,\cdots,n) \tag{9.1}$$

の式を考える（log は自然対数）．この式がロジスティック重回帰式である．ロジスティック回帰分析も，重回帰分析も，モデル式の右辺は同じで，最初の β_0 は定数項，β_i は偏回帰係数，x_i は説明変数を表している．

重回帰分析と同様に最小二乗法等により未知パラメータ β_j の推定値 $\hat{\beta}_j$ を求めるが，実際の計算は複雑で統計ソフトを用いることをすすめる．

重回帰分析の場合，モデル式によって得られるのは目的変数 y を推定した値であるが，ロジスティック重回帰分析の場合，得られるのは発生確率を推定する値である．式(9.1)から得られるのはロジット(logit)と呼ばれる値（ロジット値）でるが，このロジット値についてロジスティック変換の逆変換を行うと，すなわち式(9.1)を発生率について，式を書き直すと

$$p = \frac{1}{1+\exp\{-(\alpha+\beta_1 x_1+\beta_2 x_2+\cdots+\beta_j x_j+\cdots+\beta_n x_n+\varepsilon_i)\}} \tag{9.2}$$

が得られる．これをロジスティック変換の逆変換といい，この値は0から1の間になる．したがって，いくつかの条件があるときにロジット値が求まれば，式(9.2)より確率（発生率）を予測することができる．

しかし，実際には患者の発生確率を求めるためにロジスティック重回帰分析を用いることは少なく，オッズ比とその95%信頼限界から説明変数 $x_1, x_2, \cdots, x_n$ がリスク因子であるかどうかの検討を行うことに多く用いられる．

例えば，ロジスティック重回帰分析の結果から"お酒をよく飲む人は飲まない人の何倍，肝硬変の発症リスクがある"といった表現がよくなされるが，この場合，お酒を飲まない人のオッズとお酒を飲む人とのオッズの比のことである．

ロジスティック重回帰分析の偏回帰係数

式 (9.1) の左辺は対数オッズで，右辺は重回帰式と同じであるから，偏回帰係数 $\hat{\beta}_i$ は，他の説明変数が一定で説明変数 x_i だけが 1 増加した時に，対数オッズの変化量になり，対数オッズを指数変換したもの $\exp(\hat{\beta}_i)$ はオッズ比になる．このオッズ比は，他の説明変数の影響を取り除いたオッズ比になるため，「調整オッズ比」と呼ばれる（第Ⅲ編 3 章 Topic：他因子の影響を調節したオッズ比参照）．

偏回帰係数がちょうどゼロだと，確率を上げも下げもしないで，係数がプラスの場合は確率を上げ，マイナスだと確率を下げる方向に働く．

ロジスティック重回帰分析では説明変数が，"あり""なし"のように 2 値を採る場合で，独立変数は連続値でも，名義変数でもよい．

表 9.3 のデータを用いてロジスティック重回帰分析を行う．表 9.3 は仮想データであり，ロジスティック重回帰分析を理解してもらうために例として取り扱うだけのもので，医学的な意味はない．これらのデータから，糖尿病との関連を検討し，糖尿病の危険因子は何かを検討する．また，男性の糖尿病のリスクは，女子の糖尿病のリスクの何倍であるか，BMI (Body Mass Index) が 1 増えたら糖尿病のリスクが何倍になるかなどの検討ができる．

Excel ではロジスティック重回帰分析の計算はできないので，ここでは統計ソフト SPSS[2] を用いて解析を行っている．ここでは，糖尿病の発症（あり＝1，なし＝0）として，性別（男性＝0，女性＝1），高血圧（収縮期血圧が 140 mmHg 以上かつ拡張期血圧が 90 mmHg 以上＝1，それ以外を＝0），飲酒（全く飲まない/たまに飲む＝0，よく飲む＝1），BMI は連続値，喫煙（吸わない＝0，1 日 20 本以上＝1），年齢（45 歳未満＝0，45 歳以上＝1）としている．すなわち，糖尿病を目的変数として，性別，高血圧，飲酒，BMI，喫煙，年齢を独立変数としている．説明変数では BMI 以外はカテゴリー化している．表 9.4 は SPSS による結果の一部である．「分類表」の全体のパーセントが 77.5% であるから，これらの説明変数で 77.5% が予測可能である．

Exp (B) がオッズ比を表す．高血圧の人のリスクは高血圧でない人のリスクの約 6.7 倍である．喫煙する人のリスクはしない人の約 4.4 倍である．BMI では，BMI が 1 増加したら糖尿病のリスクが約 1.2 倍になることを示している．女性の糖尿病のリスクは男性に比べて約 0.97 倍であることが読み取れる．しかしながら，この例では，高血圧が $p=0.034$ と 5% 未満で有意であるが，他の説明変数の有意確率は 5% を超えて有意とはなっていないので解釈には注意が必要である．ここでは，すべての説明変数を用いて解析を行っているが，実際には幾つかの説明変数の候補がある場合，説明変数の組み合わせを変えて行い説明変数を絞り込むことが必要である．ソフトを使えば変数増減法などによって有意な変数を求めることができる (2) は説明変数を高血圧と喫煙の 2 つに絞り込んで行うと，どちらの変数とも有意になっている．

表 9.3 ロジスティック重回帰分析用の仮想データ

No.	性別	高血圧	飲酒	BMI	喫煙	年齢	糖尿病
1	0	0	1	21.6	1	0	0
2	0	0	0	22.2	0	0	0
3	0	0	0	32.0	1	0	0
4	0	0	1	24.3	1	0	1
5	0	0	0	19.1	1	0	0
6	0	0	1	23.2	0	0	0
7	0	0	1	23.6	0	0	1
8	0	0	0	20.7	1	0	0
9	0	0	0	19.6	1	0	0
10	0	0	1	19.6	1	0	0
11	0	1	1	26.1	1	1	0
12	0	1	1	20.0	0	1	0
13	0	1	0	20.3	1	1	1
14	0	1	0	19.7	0	1	1
15	0	1	1	22.2	0	1	0
16	0	1	1	21.6	1	1	1
17	0	1	1	19.9	0	1	0
18	0	1	1	20.8	0	1	0
19	0	1	0	24.0	1	1	1
20	0	1	1	24.0	1	1	1
21	1	0	0	23.7	0	0	0
22	1	0	1	19.2	1	0	0
23	1	0	0	24.6	1	0	1
24	1	0	0	25.2	0	0	0
25	1	0	0	20.5	0	0	0
26	1	0	0	20.6	0	0	0
27	1	0	0	22.7	0	0	0
28	1	0	0	17.3	1	0	0
29	1	0	0	22.1	0	0	0
30	1	0	0	20.7	0	0	0
31	1	1	1	22.8	1	1	1
32	1	1	0	21.2	0	1	0
33	1	1	0	25.2	0	1	1
34	1	1	1	21.1	1	1	1
35	1	1	0	19.8	0	1	0
36	1	1	0	18.8	0	1	0
37	1	1	0	24.3	0	1	1
38	1	1	0	24.6	1	1	0
39	1	1	0	21.0	0	1	0
40	1	1	0	23.2	0	1	0

表 9.4
分類表

			予測値		
			糖尿病		
	観測値		0	1	正分類パーセント
ステップ1	糖尿病	0	25	3	89.3
		1	6	6	50.0
	全体のパーセント				77.5

方程式中の変数 (1)

	B	標準誤差	Wald	自由度有	意確率	Exp(B)
高血圧	1.898	0.894	4.507	1	0.034	6.675
喫煙	1.474	0.890	2.745	1	0.098	4.366
飲酒	0.321	0.920	0.122	1	0.727	1.378
BMI	0.171	0.147	1.347	1	0.246	1.187
性別	−0.027	0.914	0.001	1	0.977	0.974
定数	−6.610	3.511	3.545	1	0.060	0.001

方程式中の変数 (2)

	B	標準誤差	Wald	自由度有	意確率	Exp(B)
高血圧	1.941	0.872	4.950	1	0.026	6.965
喫煙	1.723	0.842	4.187	1	0.041	5.603
定数	−2.848	0.925	9.483	1	0.002	0.058

参考文献

1) Framingham Heart Study : http://www.nhlbi.nih.gov/framingham/
2) PASW (旧SPSS, エスピーエスエス社) : http://www.spss.co.jp

III 臨床への応用

1 臨床試験のデザイン
2 経時データの解析
3 リスク因子の評価
4 臨床試験を実施する際の問題
5 EBMの考え方

1 臨床試験のデザイン

　ヒトを研究対象とする医学研究においては，倫理上の問題点から制約を受けた実験，試験が行われる．医学研究はそのデザインから**観察研究**と**介入研究**に大別することができる（表 1.1）．

　観察研究とは，研究者が調査対象者の原因・結果に介入できないで現象をあるがままに観察し記録分析するもので，データを収集し観察を主体とする研究方法である．したがって，観察研究では積極的な介入を行わず，対象者自身の日常的な生活様式や治療内容を調査することになる．例えば，薬剤疫学研究における，特定の薬剤と特定の副作用との因果関係を薬歴，カルテ情報，あるいは保険情報などから調査する場合などがこれに該当する．

　介入研究とは，研究者が対象者に因子を与えるか与えないかを決定でき，積極的に介入を行い，その介入の効果を証明をする実験的研究方法である．例えば，対象者の治療内容や生活様式（食事，運動，サプリメントの摂取，禁煙）に作為的に介入を行い，その介入の効果を確認する試験のことをいう．

　これらの研究は全数対象で行われることはまれで，一般には研究対象として抽出した少数の標本から，母集団の特性を推測し，一般化するものである．

表 1.1　医学研究デザインの分類

観察研究	介入研究
A）　症例報告	A）　比較試験
B）　症例集積研究	（1）ランダム化比較試験
C）　横断研究	（2）非ランダム化比較試験
D）　縦断研究	（3）クロスオーバー試験
（1）後ろ向き研究	
ケースコントロール研究	
（症例対照研究）	
（2）コホート研究	
前向きコホート研究	B）　比較対照なしの試験
後ろ向きコホート研究	

1.1　後ろ向き研究

　ある時点から過去にさかのぼってデータを調査する研究方法．**ケースコントロール研究（症例対照研究）**とも呼ばれる．

ケースコントロール研究では，ある疾患について，現在，その疾患に罹っている人をケース（症例）として選び，次にこのケースと性別，年齢などが似た人をコントロール（対照）として1例または数例選ぶ．その際，その疾患に罹っていない人を選ぶことが肝要である．ケースとコントロールの両方に対して疾患の原因と考えられる要因（食生活，喫煙の有無あるいは，特定の薬剤を服用したかどうか，など）を，過去にさかのぼって，後ろ向きに調査し，両者でその要因を有する割合を比較することにより，要因と疾患との関連を研究する方法である．

観察結果は表1.2の四分表あるいは（2×2）分割表の形で整理され，表では列が群を構成する．すなわち，ケースの数 ($a+c$) とコントロールの数 ($b+d$) を指定し，それらの群について要因の有無を過去にさかのぼって調べ，a, b, c, d を観測する．

表 1.2　ケースコントロール研究の分割表

		ケース (Y+)	コントロール (Y−)
要因 X	+	a	b
	−	c	d
	計	$a+c$	$b+d$

関連性の評価はオッズ比や，統計量 χ^2（自由度1）による検定で行う．

$$\text{オッズ比} = \frac{\frac{a}{c}}{\frac{b}{d}} = \frac{a \cdot d}{c \cdot b}$$

1.2　コホート研究

コホート研究では，ある疾患との関連性が考えられる要因群についていくつかの集団（コホート）（例えば，ある特定の薬を飲んでいる人の集団と薬を飲んでいない人の集団）を設定し，それらの群を長期間追跡観察し，原因と考えられる要因と結果（例えば，薬の副作用）との関連を明らかにしようとする研究方法である．はじめに原因と考えられる要因をとらえその後おきる結果を観察するので因果関係の検証が可能である．そのため主として検証的研究に用いられる．

1.2.1　前向きコホート研究

単に，前向き研究と呼ばれる．前向きコホート研究では，現時点で，多数の健康な人の集団を対象として，疾患の原因となる可能性のある要因（禁煙，飲酒，食生活など）を調べる．この集団を追跡調査し，疾病にかかった人を確認し，最初の調査した要因とその後発生した疾病との因果関係を分析する．

1.2.2 後ろ向きコホート研究

現時点で，疾病の原因となる可能性のある要因に曝露した集団を，まず，後ろ向きにその暴露状況を調査する．そこからその集団を前向きに追跡調査することで，疾病の発生を確認し，要因と疾病との因果関係を分析する方法である．例えば，放射線などにさらされた人の集団とその後の癌発生率との関連を見る場合などが該当する．

コホート研究では観察結果はケースコントロール研究と同様に四分表の形で整理されるが行が群を形成する．すなわち，要因有りの群（$a+b$）と無し群（$c+d$）を指定し，それらの群について結果の有無を経時的に追跡し a, b, c, d を観測する．

表 1.3 コホート研究の分割表

		疾病 Y		計
		＋	－	
要因 X	＋	a	b	$a+b$
	－	c	d	$c+d$
	計	$a+c$	$b+d$	

関連性の指標としてはリスク比や統計量 χ^2（自由度1）により検定する．

　　リスク比＝$[a/(a+b)]/[c/(c+d)]$

表1.4はケースコントロール研究（後ろ向き研究），前向きコホート研究および後ろ向きコホート研究における調査の方向を時間軸で示したものである．

表 1.4

	過去	現在	未来
前向きコホート研究		要因調査 観察追跡開始　→	観察
後ろ向きコホート研究	要因調査 記録調査	←　観察追跡開始　→	観察
ケースコントロール研究 (後ろ向き研究)	要因調査 記録調査	←　調査開始	

後で述べる，ランダム化比較試験も無作為割り付け後，前向きに経過を追って介入の効果を比較する点では前向きコホート研究と同じであるが，ランダム化比較試験では介入は積極的に行われるが（新しい治療とか新しい薬の投与など），コホート研究では原因と考えられる要因は自然発生的なものである．

有名なコホート研究としては，約3万5千人のイギリス人医師を対象とした喫煙者と非喫煙者における肺がん罹患の追跡調査で，この研究では20年間追跡し，

喫煙が肺がんのリスク因子であることを証明した[1].

1.3 クロスオーバー試験

　交差試験ともよばれる．クロスオーバー試験では複数の治療法の並びで構成され患者はそれらの並びの一つに無作為に割りつけられる．例えば，2期クロスオーバー試験では図1.1のように，二つの治療順序，治療A→治療なし→治療B，あるいは，治療B→治療なし→治療A，のいずれかに割りつけられる．各治療法について患者ごとの評価を得る．患者内の比較であるため患者間の変動が大きく，患者内変動がそれほど大きくない場合には患者の数も少なくてすむ効率のよいデザインである．

　問題点は持ち越し効果である．すなわち，第1期の効果が第2期の効果に影響を及ぼす可能性がある．そのため治療期間の間にウォシュアウト期間（治療なしの期間）をもうけるが，何らかの影響をもたらす可能性がる．

　比較的病状の安定している慢性の疾患で薬剤の効果が速やかに発現するような場合に適した試験方法である．

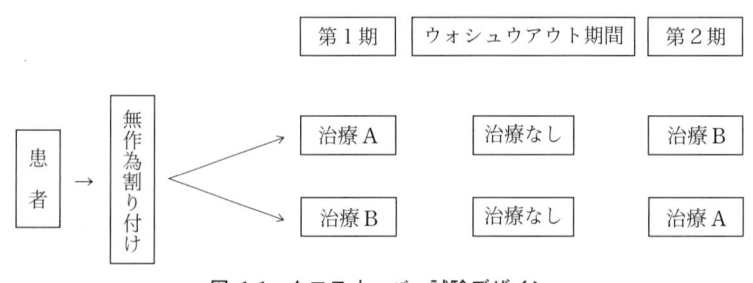

図 1.1　クロスオーバー試験デザイン

1.4 ランダム化比較試験

　臨床試験ではいくつかある治療法のうち患者をいずれかの治療法に無作為に割りつけ同時並行に実施し，それぞれの治療法の有効性や安全性を比較検証する臨床試験を無作為化比較試験（図1.2では2つの治療法，被験薬群と対照薬群に無作為に割り付けて実施，評価を行う場合である．）という．

　図1.2の場合では，無作為割り付けされた2群の被験者にはそれぞれ被験薬，対照薬が投与される．この際，被験薬か対照薬かが識別不能な製剤を用いて，担当医師および被験者のいずれも使用薬剤がわからないようにして試験を実施する．この操作を二重マスク化（二重盲検化）という．通常は二重マスク化法によって行われる場合が多く二重マスク化無作為化比較試験とよばれる．二重マスク化無作為化比較試験は評価したい治療法または薬剤が最も適正に評価されると方

法として，現在最も多く採用されている試験方法である．

図1.2に群間比較試験の構成を示す．

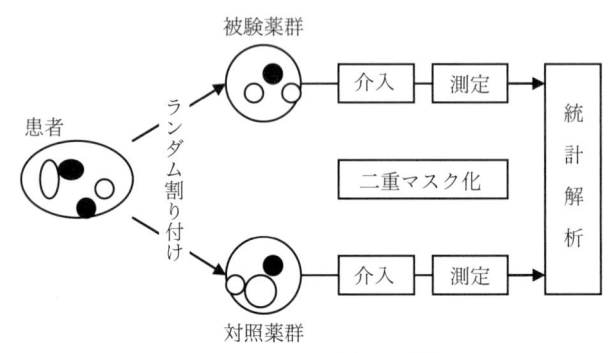

図 1.2　群間比較試験の構成

Topic：ロジスティック回帰分析

コホート研究においてはリスク因子など調査するため種々の多変量解析法が用いられている．リスク因子 $x_1, x_2, \cdots, x_n$（変数）からある一定の期間での疾病の発生する確率を p とし，

$$p = \frac{1}{1+\exp(-\lambda)} \tag{1.1}$$

$$\lambda = \beta_0 + \beta_1 x_1 + \beta_2 x_2 + \cdots\cdots + \beta_i x_i$$

で p を推定するとき，この式を多重ロジスティック関数と呼ぶ．β_i は与えられたデータをもとに最小二乗法などにより推定する．

式(1.1)を書き直すと

$$\ln\left(\frac{p}{1-p}\right) = \beta_0 + \beta_1 x_1 + \beta_2 x_2 + \cdots\cdots + \beta_i x_i \tag{1.2}$$

となり，**ロジスティック多重回帰モデル**と呼ぶ．オッズ $\frac{p}{1-p}$ の対数（ロジット変換という）が因子の線形和で表されている．

1変数 x のみの場合

$$\ln\left(\frac{p}{1-p}\right) = \beta_0 + \beta_1 x \tag{1.3}$$

をロジスティック単回帰モデルと呼ぶ．

ロジスティック多重回帰モデルでは複数の変数を同時に扱うことができ，各変数のオッズ比を同時に計算することができる．目的変数は"あり"，"なし"の2値であること，説明変数は連続値でも，名義変数でもよい．

例えば，肺がんに対する新規抗がん剤と標準抗がん剤との治療効果を追跡調査し生存率/死亡率で比較評価する場合，両群の性，年齢構成，肺がんの重症度，合併症の有無，補助療法など生存率/死亡率に関与してくる諸因子がある．この場合，x_1 を性，x_2 を年齢，x_3 を重症度，x_4 を合併症の有無，x_5 を補助療法とすると，ロジスティック多重回帰分析結果より $\beta_0 \sim \beta_5$ が得られる．従って，ある患者の x_1 から x_5 を入力するとその患者の生存率の確率が求まる．また，各変数の回帰

係数 β_i の指数がオッズ比となる．しかし，因子 x_i 相互間に相関がない場合には β_i を個別に扱えるが，相関があると一緒にどの因子（交絡因子）を考えるかによって β_i の値が変化するので十分の吟味が必要である．

引用文献

1) R. Doll, R. Peto, Mortality in relation to smoking : 20 year's observations on male British doctors, *BMJ*, **2**, 1525～1536 (1976).

2 経時データの解析

2.1 生存時間分析

　生存時間分析とは，イベントが発生するまでの時間が主要な変数となっている解析方法である．この解析法は，治療などが開始してから死亡というイベントが発生するまでの時間を主な解析対象にしていたために生存時間分析という名称になっている．しかし，個体に対して一度だけ非再起的に起こるイベントが起こるまでの時間を対象としたデータに適用できる解析である．生存時間分析の解析対象には，術後死亡までの時間，副作用発現までの時間，治療開始後透析移行までの時間などが考えられる．

　生存時間分析の対象となるデータは他の統計解析で用いられるデータと異なり，表2.1のような特徴がある．

表 2.1　生存時間分析に用いられるデータの特徴

1. 時間データは負の値をとらない
2. 分布の裾が右に長い（なかなかイベントを起こさない個体がある）
3. 左右対称の分布にならない（正規分布に基づく解析ができない）
4. 打ち切りのデータがある（データを収集している間に他の原因で死亡したり，途中で来院しなくなるなどの理由で途中でデータがとれなくなることがある）

2.2 生存時間曲線（Kaplan-Meier 曲線）

　生存時間分析では，追跡を開始した時点とイベントが起こった時点までの時間，あるいは追跡不能になった時点までの時間を解析対象にする．例として，12か月間の調査期間で，10人の胃がん患者の摘出手術後の生存時間を調査したところ，図2.1のような結果が得られたとする．患者Aは，調査開始直後に手術を行い，12か月後も生存していることを示している．患者Bは，調査開始後約1か月後に摘出手術を行い，調査開始後8か月目に死亡したことを示している．患者Cは，調査開始後6か月目に摘出手術を行い，調査開始後10か月目に生存はしているもののその後何らかの理由でデータがとれなくなり，調査が打ち切られた（打ち切りデータ）ことを示している．白丸はその時点で生存しているが，

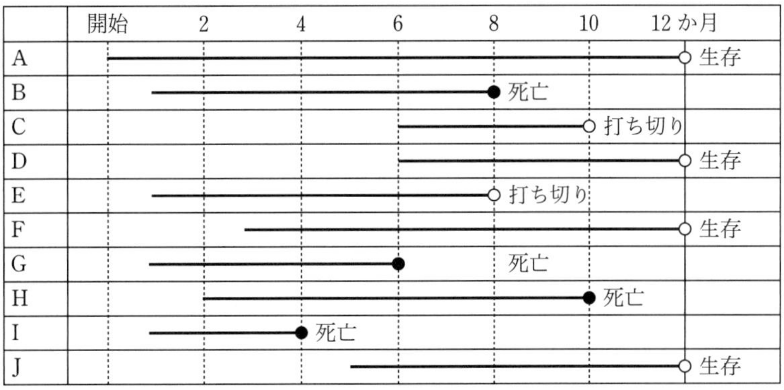

2 経時データの解析

図 2.1 胃がん患者の胃摘出手術後の生存時間

データがとれなくなって調査が打ち切られたことを示しており，黒丸はイベントが発生した（死亡した）ことを示している．

注：この例では，黒丸がイベント発生を，白丸が打ち切りを示しているが，表示方法は使用するソフトウェアによりに異なる．

図2.1で示したデータを，観測開始時期をそろえて，打ち切りを含む生存時間を小さい順に並べて，図2.2のように変換する．

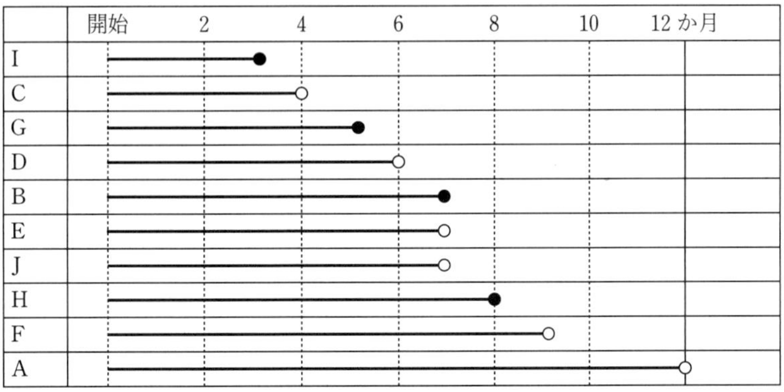

図 2.2 観測開始後の月数で表した生存時間の小さい順に並べた図2.1のデータ

n 個対象データの観測開始後イベントが起こるか打ち切りが起こるまでの時間（生存時間）を次のように定義する．生存時間を小さい順に並べ，t_1, t_2, t_3, ……, t_n とする．時間 t_i における生存確率（t_i 時間以上生存している割合）を $S(t_i)$ とすると，

$$S(t_1) = \frac{r_1 - d_1}{r_1}$$

$$S(t_2) = \frac{r_1 - d_1}{r_1} \times \frac{r_2 - d_2}{r_2}$$

$$S(t_n) = \frac{r_1 - d_1}{r_1} \times \frac{r_2 - d_2}{r_2} \times \cdots\cdots \times \frac{r_n - d_n}{r_n}$$

で表すことができる．

表 2.2 生存時間確率の計算例

イベント(i)	生存時間(t_i)	生存数(r_i)	死亡数(d_i)	生存確率 $(r_i-d_i)/r_i$	累積生存確率 $S(t_i)$
	0	10	0	1.000	1.00
1	3	10	1	0.900	0.900 (=1.000×0.900)
2	4	9	0	1.000	0.900 (=0.900×1.000)
3	5	8	1	0.875	0.788 (=0.900×0.785)
4	6	7	0	1.000	0.788 (=0.788×1.000)
5	7	6	1	0.833	0.656 (=0.788×0.833)
6	8	3	1	0.666	0.437 (=0.656×0.666)
7	9	2	0	1.000	0.437 (=0.437×1.000)
8	12	1	0	1.000	0.437 (=0.437×1.000)

生存数 r_i は,生存時間 i 直前に生存していた数

ここで,r_i は t_i(i 番目の生存時間)直前に生存している対象数,d_i は t_i での死亡数である.ただし,打ち切りデータについては $d_i=0$ とする.

この生存確率の計算方法によって累積生存割合を求めると,表2.2のようになる.

生存確率を生存時間に対してプロットしたものを Kaplan-Meier(カプラン-マイヤー)生存曲線という(図2.3).生存確率が下がったところでイベントが発生したことを示している.この例では,3か月目に最初のイベントが起きていることがわかる.順次,時間が経過するにつれて生存確率が低下している.この図では縦軸を生存確率としたが,縦軸を死亡確率とした Kaplan-Meier 曲線が書かれることがある.この場合は,曲線は右上がりのグラフとなる.

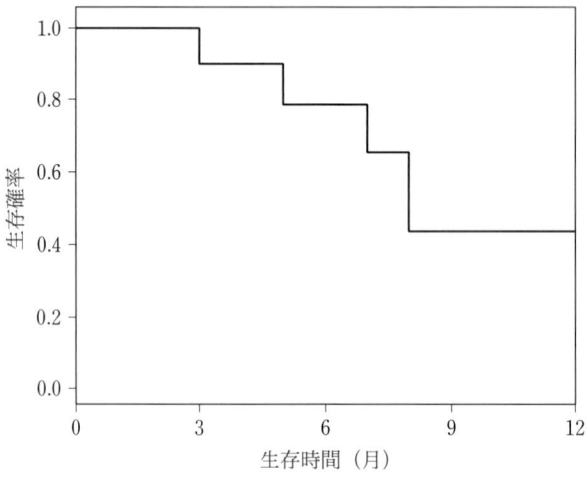

図 2.3 Kaplan-Meier 曲線

2.3 ログランク検定

二つの群の生存時間比較を行う検定方法の一つにログランク検定 (logrank test) がある．ログランク検定は，イベントまでの時間そのものを用いず，イベント発生時間の順位を比較するノンパラメトリックな検定方法である．2群の生存確率が等しいという帰無仮説のもとでは，イベント発生数はそれぞれの時間における死亡可能性のある人数に比例していると期待される．

ログランク検定の原理を理解するために，がん患者に対して新しい治療法が開発され，これまでの治療法（対照群）との有効性を生存時間曲線から比較する場合を考えてみる．二つの治療群の生存を比較するために，どちらかの群にイベントが起きた時点 i で 2×2 分割表を書いてみる．ただし，打ち切りの場合を除く（表2.3）．

表 2.3 イベントが起きた時点 i での 2×2 分割表

	死亡数	生存数	計
新しい治療群	d_{1i}	a_{1i}	$n_{1i}(D_{1i}+A_{1i})$
これまでの治療群(対照群)	d_{2i}	a_{2i}	$n_{2i}(D_{2i}+A_{2i})$
計	$D_i(d_{1i}+d_{2i})$	$A_i(a_{1i}+a_{2i})$	$N_i(N_{1i}+N_{2i})$

対照群と新しい治療群の生存確率が等しいとの帰無仮説のもとで，治療群の死亡数の期待値（E_i）と分散（V_i）は次の式で求められる．

$$E_i = \frac{D_i n_{1i}}{N_i}$$

$$V_i = \frac{E_i(1-n_i/N_i)(N_i-D_i)}{N_i-1}$$

イベントが起きた全ての時点で E_i と V_i を求め，その和を求め，D，E，V とする．

$$D = \sum_i d_i$$

$$E = \sum_i E_i$$

$$V = \sum_i V_i$$

これらは帰無仮説（二群の生存確率は等しい）のもとでは，$Z^2 = \frac{(D-E)^2}{V}$ は自由度 1 の χ^2 分布に従うことが知られている．したがって，有意水準を 0.05 としたときは，$Z^2 > 3.84$（自由度 1 の χ^2 分布表を参照）の場合，帰無仮説を棄却して，生存時間分布に差があると判断する．また，$Z^2 < 3.84$ の場合は，帰無仮説を棄却できないので生存時間に差がないと判断する．

例として，新しい治療群と従来の治療群それぞれ 25 名で生存率を 8 か月間調査した結果を表 2.4 に示す．

表 2.4　新しい治療法と従来の治療法後の生存率を調査した結果

生存時間(t_i月)	従来の治療法(対照群)		新しい治療法		期待値 E_i	分散 V_i
	生存数(r_i)	死亡数(d_i)	生存数(r_i)	死亡数(d_i)		
0	25	0	25	0		
1	25	3	25	0	1.500	0.719
2	22	2	25	0	1.064	0.487
3	20	4	25	1	2.778	1.122
4	16	3	24	2	3.000	1.077
5	16	0	22	2	1.257	0.453
6	14	3	20	1	2.424	0.865
7	11	0	19	3	1.966	0.629
8	11	2	16	1	1.846	0.653
合計				10	15.835	6.007

ただし，生存時間が1か月以上で死亡数が0の場合は，その群でのイベントが発生していないことを示している．

$$Z^2 = \frac{(D-E)^2}{V} = \frac{(10-15.835)^2}{6.007} = 5.668 > 3.84 \quad (p=0.0173)$$

ログランク検定の結果，新しい治療法によって生存時間分布は有意に異なることがわかる．図 2.4 に Kaplan-Meier 曲線を示すが，図からも新しい治療法が死亡率の低いことがわかる．

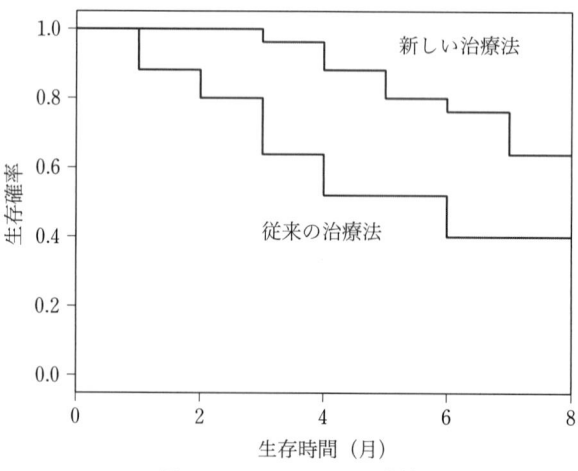

図 2.4　Kaplan-Meier 曲線

Topic：比例ハザードモデルと Cox 回帰

ログラン検定は生存時間を比較する検定方法として広く用いれるが，どのくらい差があるかを示すことはできない．そこで各群の期待値（E_i）を実測値（O_i）の比

$$R = \frac{O_1/E_1}{O_2/E_2}$$

は相対的なイベント発生率で示す．これをハザード比という．

観測期間にわたって群間のハザード比が一定であることを比例ハザード性という．

生存時間分析を行う際，生存確率関数（$S_x(t)$）をベースラインの生存確率関数（$S_o(t)$）との比で表し（比例ハザード性），説明変数の効果を組み込んだモデルをCoxモデルという．説明変数が一つではなく複数の場合がある．例えば，生存時間に，年齢，性別，治療法などが影響しているような場合である．説明変数は，連続変数であってもカテゴリカルな変数でもよい．生存時間は次のような式で表わされる．

$$S_x(t) = S_o(t) \cdot \exp\{\beta_0 + \beta_1 \cdot (説明変数 1) + \beta_2 \cdot (説明変数 2) + \cdots\cdots + \beta_n \cdot (説明変数\ n)\}$$

その結果，生存時間分析においても，重回帰分析と同様に多変量での解析が可能となる．説明変数の有意性を検討すれば，生存確率関数に影響している説明因子について検討することができる．

3 リスク因子の評価

臨床研究では2つの治療効果を比較することが多くなされる．この治療効果を比較する指標としてリスク比，リスク差，およびオッズ比をよく用いる．疫学研究ではリスク比を相対危険度，リスク差を寄与リスクと呼ぶ．

3.1 リ ス ク 比

表3.1は高血圧症患者を2つの群に分け一方の群にA薬を，他方の群にB薬を投与し，心疾患の発症との関係を前向きに追跡した仮想データである．

表 3.1　A薬−B薬における疾患の発症

	心疾患の発症 あり	心疾患の発症 なし	合計
A薬群	29	40	69
B薬群	32	36	68

このデータから「どちらの薬がどのくらい心疾患の発症を少なくしているか」について検討してみる．ここではB薬群の方を基準に取るとする．

(1) リスク：特定の群での疾患の発症率をリスクと呼ぶ．ここでは心疾患の発症がリスクである．それぞれの群のリスクは

A薬群　$29/69=0.420$，B薬群　$32/68=0.471$　である．

(2) リスク差＝(A薬群のリスク)−(B薬群のリスク)

である．したがって，

リスク差＝$29/69-32/68=42.0\%-47.1\%=-5.1\%$　となる．この場合リスク差が負となっているが，負であることは，A薬が心疾患の発症を抑制していることを示している．

(3) リスク比＝$\dfrac{\text{A薬剤のリスク}}{\text{B薬剤のリスク}}$　である．この場合，A薬群の心疾患の発症がB薬群の心疾患の発症の何倍になるかを示す．

したがって，リスク比 $\dfrac{29/69}{32/68}=0.892$　となる．したがって，A薬はB薬と比べて心疾患発症のリスクを約9割位にすることがわかる．

表3.1を一般的に3.3のように表するとき

表 3.2

	疾患発症あり	疾患発症なし	合計
A群	a	b	$a+b$
B群	c	d	$c+d$

$$\text{リスク比 }(RR) = \frac{a/(a+b)}{c/(c+d)} \tag{3.1}$$

で求められる．

まれな疾患の場合には $a+b \approx b,\ c+d \approx d$ と近似できるから

$$\text{リスク比} = \frac{a/(a+b)}{c/(c+d)} \approx \frac{a/b}{c/d} \tag{3.2}$$

と書き直せる．

3.2 オッズ比

各群内での心疾患の発症の「ありの割合となしの割合の比」をオッズと呼ぶ．オッズ比は

$$\text{オッズ比} = \frac{\text{A薬剤での発症ありの割合／発症なしの割合}}{\text{B薬剤での発症ありの割合／発症なしの割合}}$$

である．オッズ比の意味はリスク比と同様に，A薬群の心疾患の発症がB薬群の心疾患の発症の何倍になるかを表す．オッズ比が1より大きければA薬はB薬より発症のリスクを上げ，1より小さければ発症のリスクを低下させることになる．

表3.1の例でのオッズ比は

$$\text{オッズ比} = \frac{29/40}{32/36} = 0.816$$

となり，A薬は発症のリスクを低下させることになる．

また，表3.2ではA群の発症の割合は $\frac{a}{a+b}$，発症なしの割合は $\frac{b}{a+b}$，したがってA群のオッズ比は $\frac{a/(a+b)}{b/(a+b)} = \frac{a}{b}$，同様にB群のオッズ比は $\frac{c/(c+d)}{d/(c+d)} = \frac{c}{d}$ となり，

$$\text{オッズ比 }(OR) = \frac{a/b}{c/d} \tag{3.3}$$

となる．

式 (3.2) より，まれな疾患の場合には，オッズ比はリスク比をよく近似することがわかる．

リスク比およびオッズ比は因果関係を調べる場合には有用であり，リスク差は

実質的なリスクの増加を示すので薬の有効率の差や生存率の差をみるような場合（この場合にはリスクとはいわないが）に有用となる．

3.2.1 オッズ比とロジスティック単回帰モデル

疾患ありの確率を p とするとオッズは $\frac{p}{1-p}$ となる．このオッズの対数をとったもの $\ln\left(\frac{p}{1-p}\right)$ を対数オッズあるいはロジットとよぶ．1変数 x のみのロジスティック単回帰モデルを考えると，

$$\ln\left(\frac{p}{1-p}\right)=\beta_0+\beta_1 x$$

と表される．

変数 x の値を表1における B 群では $x=0$，A 群では $x=1$ とすると

B 群の対数オッズは　$\ln(p_-/(1-p_-))=\beta_0$

A 群の対数オッズは　$\ln(p_+/(1-p_+))=\beta_0+\beta_1$

両式の差をとると

$$\ln(p_+/(1-p_+))-\ln(p_-/(1-p_-))=\beta_0+\beta_1-\beta_0=\beta_1$$

したがって

$$\ln\{p_+/(1-p_+)/(p_-/(1-p_-))\}=\beta_1$$

と対数オッズ比が得られる．

ゆえに，オッズ比は

$$\frac{p_+/(1-p_+)}{p_-/(1-p_-)}=\exp(\beta_1)$$

となる．

したがって，ロジスティック単回帰分析ではパラメータ β_1 から A 群－B 群のオッズ比を求めることができる．

演習問題

3.1　リスク比を

$$RR=\frac{a/(a+b)}{c/(c+d)}$$

と書くとき，リスク比に対する 95% 信頼区間は

$$\exp\left[\ln(RR)\pm 1.96\sqrt{\frac{1}{a}-\frac{1}{a+b}+\frac{1}{c}-\frac{1}{c+d}}\right]$$

で与えられる．ここで1.96は正規分布の上側2.5%点を表す．また，ln は自然対数である．

表3.1でのリスク比に対する95%信頼区間を求めよ．

【解　答】

リスク比

$$RR = \frac{a/(a+b)}{c/(c+d)} = \frac{29/69}{32/68} = 0.892$$

$$\sqrt{\frac{1}{29}\frac{1}{69}\frac{1}{32}\frac{1}{68}} = 0.191$$

RR の95％信頼区間は

$$0.892 \times e^{[\pm 1.96 \times 0.191]}$$

上限，下限を計算すると

$$(0.613,\ 1.297)$$

を得る．

3.2 オッズ比を

$$OR = \frac{a/c}{b/d} = \frac{ad}{cb}$$

と書くとき，オッズ比に対する95％信頼区間は

$$\exp\left[\ln(OR) \pm 1.96\sqrt{\frac{1}{a}+\frac{1}{b}+\frac{1}{c}+\frac{1}{d}}\right]$$

である．ここで 1.96 は正規分布の上側 2.5％ 点を表す．また，ln は自然対数である．

表 3.4 は Ca 拮抗薬と心筋梗塞の関連性を調査したケースコントロール研究の結果である．オッズ比および 95％ 信頼区間を求めよ．

表 3.4

		心筋梗塞群	対照群
Ca拮抗薬	使用	35	62
	使用しない	172	347
	計	207	409

【解　答】

オッズ比は

$$OR = \frac{a/c}{b/d} = \frac{ad}{cb} = \frac{35 \times 347}{62 \times 172} = 1.14$$

95％ 信頼区間は

$$\exp\left[\ln(OR) \pm 1.96\sqrt{\frac{1}{a}+\frac{1}{b}+\frac{1}{c}+\frac{1}{d}}\right]$$

$$\ln(OR) = \ln(1.14) = 0.131$$

$$\sqrt{\frac{1}{35}+\frac{1}{62}+\frac{1}{172}+\frac{1}{347}} = 0.231$$

$$0.131 \pm 0.452 = (-0.321,\ 0.483)$$

OR の95％信頼区間は

$$[\exp(-0.311), \exp(0.483)] = (0.725, 1.620)$$

この信頼区間内に1が含まれるのでCa拮抗薬の影響はあるとはいえない.

Topic：他因子の影響を調節したオッズ比

オッズ比をロジスティック単回帰モデルで取り扱ったが，その場合には変数は一つのみであった．ロジスティック多重回帰モデルでは変数が複数の場合を取り扱うことができる．

$$\ln\left(\frac{p}{1-p}\right) = \beta_0 + \beta_1 x_1 + \beta_2 x_2 + \cdots\cdots + \beta_i x_i \qquad \text{(p.108，式（1.2）再掲)}$$

いま，各因子の有・無で x_i が1, 0をとるとする．このようにして，各係数 β_i を推定したすると（$\hat{\beta}_i$ は推定値）

$x_1 = 1$ のとき

$$\ln\left(\frac{p_1}{1-p_1}\right) = \hat{\beta}_0 + \hat{\beta}_1 + \hat{\beta}_2 x_2 + \cdots\cdots + \hat{\beta}_i x_i$$

であり，

$x_1 = 0$ のとき

$$\ln\left(\frac{p_0}{1-p_0}\right) = \hat{\beta}_0 + \hat{\beta}_2 x_2 + \cdots\cdots + \hat{\beta}_i x_i$$

となるから，両式の差をとると

$$\ln\left(\frac{p_1}{1-p_1}\right) - \ln\left(\frac{p_0}{1-p_0}\right) = \hat{\beta}_1$$

したがって，この場合のオッズ比は

$$\frac{p_1/(1-p_1)}{p_0/(1-p_0)} = \exp(\hat{\beta}_1)$$

となる．このオッズ比を**他の因子の影響を調整したオッズ比**と呼ぶ.

一つの変数しかモデルに含めない場合のオッズ比を調整しないオッズ比と呼び，複数の変数を含めたモデルの場合のオッズ比を調整したオッズ比と呼ぶ．

ロジスティック回帰モデルにおける実際の計算は複雑であるから，信頼の置ける統計ソフトウェアを利用することが求められる．より詳しくは章末の文献を参照．

【例3.1】 標準治療＋被験薬治療（以下，被験薬と略す）と標準治療＋プラセボ治療（以下，プラセボと略す）の延命効果を比較したところ，1年後の死亡は表3.5のようになったとする．

被験薬を $x=1$，プラセボを $x=0$ としてロジスティック単回帰分析すると，

$$\beta_1 = -2.38$$

となる．オッズ比は

$$e^{-2.38} = 0.290$$

となり，被験薬には死亡のリスクを0.29倍に減少させる延命効果があるように

表3.5 被験薬とプラセボの延命効果

	死亡	生存	計
被験薬	35	65	100
プラセボ	65	35	100

みえる．

しかし，年齢層で比較すると，表3.6に示すように，若年者と高齢者では死亡率に大きな差がある．

若年者を $x=0$，高齢者を $x=1$ としてロジスティック単回帰分析すると，

$$\beta_1 = 2.77$$

となる．オッズ比は

$$e^{2.77} = 16.0$$

表 3.6 若年者と高齢者の延命効果

	死亡	生存	計
若年者	20	80	100
高齢者	80	20	100

となり，年齢によって死亡のリスクが16倍と高くなっていることがわかる．したがって，被験薬の延命効果を比較するときには年齢を考慮しなければならない．このとき，年齢を**共変量**（回帰分析でいう説明変数）という．

年齢で層別して，被験薬とプラセボの延命効果を比較すると，表3.7に示すようになる．

このとき被験薬のオッズ比は

$$e^0 = 1$$

となり，被験薬には死亡リスクを減少させる効果はないことがわかる．これは表3.6のように年齢が共変量となっているときに，年齢分布が被験薬とプラセボで同じでないからである．年齢分布は，表3.8に示すように，被験薬には若年者が多く，プラセボには高齢者が多い．このため，若年者の死亡リスクの小ささが表3.5では見かけ上被験薬の死亡リスクの減少となったものである．

このように，治療効果に影響する因子があるときは注意が必要である．このようなことを避けるためには影響しそうな因子で層別してランダム割付けを行う．しかし，影響しそうなすべての因子について層別してランダム割付けはできない．そのため，影響しそうな因子について共変量となっているかどうか，比較する2群で分布が同じかどうか検討する．共変量になっていて，分布が同じでないときは多重ロジスティック回帰で調整する．

例3.1のように，オッズ比のときはロジスティック回帰分析で共変量の影響を調整する．治療効果がハザード比のときは**Cox**（コックス）**回帰分析**で共変量の影響を調整する．また，治療効果を血圧やコレステロールといった連続量の平均の差で表すときは**共分散分析**で共変量の影響を調整する．

表 3.7 年齢で層別した被験薬とプラセボの延命効果

		死亡	生存	計
若年者	被験薬	15	60	75
	プラセボ	5	20	25
高齢者	被験薬	20	5	25
	プラセボ	15	60	75

表 3.8 被験薬とプラセボの年齢分布

	若年者	高齢者	計
被験薬	75	25	100
プラセボ	25	75	100

Topic：交絡因子

ケースコントロール研究やコホート研究では「何が原因でその結果が起きたのか」という関係を明らかにすることが研究の目的である．

ある疾病の原因を調べようとするとき，原因と考えている因子（予測因子）以外にも考えられる原因（予測因子）は多くあり，そしてそれら因子の中で結果に影響を与えるおそれがある因子を交絡因子と呼ぶ．

今，予測因子のうち因子 X が疾病 Y の原因であると考えた場合，もし，他の予測因子 X_1 が因子 X と疾病 Y の両方に影響を与えている場合には，因子 X が疾病 Y の原因であると結論づけることが難しくなってくる．また，因子 X_1 が因子 X に影響を与えている場合には，因子 X と疾病 Y との関連が不明瞭になってくる．また，研究段階で考慮に入れてなかった未知の因子が交絡を引き起こし誤った結論を導き出す可能性もある．このように交絡因子の存在は得られた結論に影響を与え，その結論の正当性を損なうことにもなるので注意が必要である．

例えば，煙草を吸う人の心筋梗塞のリスクを調べる場合，心筋梗塞になるリスクの高い他の因子（高血圧など）が交絡因子となる．

コーヒー摂取の心筋梗塞のリスクを調べる場合，コーヒーをよく飲む人は煙草も吸うという関連があると煙草は心筋梗塞の一つの原因であるから煙草が交絡因子となり，あたかもコーヒー摂取と心筋梗塞との間に見かけ上関連があるかのような結果が出てしまう．

予測因子の中に想定される交絡因子が含まれている場合には多変量解析によりそれらの影響を調整して解析することが可能であるが，未知の交絡因子が存在する場合には影響を除くことは不可能である．

参考文献
1) 浜田知久馬，"学会・論文発表のための統計学"，真興交易（株）医書出版部（1999）．
2) 丹後俊郎，山岡和枝，高木晴良，"ロジスティック回帰分析"，朝倉書店（1996）．

4 臨床試験を実施する際の問題

　臨床試験は，医薬品の有効性・安全性を評価するために実施される．しかし，臨床試験の結果には，様々な誤差が入り込む可能性があり，誤差が大きい場合は，臨床試験で得られた結果から正しい結論を導くことができない．ここでは，臨床試験で問題となる誤差について考える．

　臨床試験の結果に影響する誤差には，ランダム誤差（偶然誤差）と系統誤差がある．ランダム誤差は偶然によって生じる誤差であり方向性はない．データ数を十分大きくすることができれば，ランダム誤差は小さくすることができる．サンプルサイズの小さい研究では，ランダム誤差のために誤った結果が生じる可能性が増加する．一方，系統誤差は，何らかの歪みによって生じるもので，データが特定の方向（大きい方であったり小さい方であったり）に偏ってしまう誤差をさす．系統誤差には交絡やバイアスがある．バイアスとは，研究の繰り返しによっても生じる推定値と真の値との差のことである．データ収集方法や分析方法が不適切な場合に生じ，結果を誤らせる重要な要因となる．バイアスは，試験結果を過大評価したり，過少評価する原因となる．系統誤差はデータ数を大きくしても小さくすることは不可能であり，歪みが入り込む可能性を最小限にとどめるよう研究をよくデザインする必要がある．

4.1 交互作用と交絡因子

　ここでは，系統誤差である「交絡因子」について説明するが，混同するおそれのある「交互作用」についても少し触れる．

　「交絡」とは，原因に影響する因子であり，同時に結果の原因ともなる第三の因子を指す．例えば，「コーヒー摂取量」と「心血管系疾患」の発症リスクの関係を調べようとしたときは「喫煙」が交絡因子となる可能性が高い．「喫煙」と「コーヒー摂取量」には相関があることが知られており，「喫煙」は「心血管系疾患」の発症リスクとなる可能性が高いからである．

　交絡を除く方法の一つに，交絡となる因子を絞り込む方法がある．前の例では，喫煙者をあらかじめ除いて実験デザインを組むことによって「喫煙」の交絡は避けることができる．しかし，臨床試験を行う前に，交絡因子が明らかになることはまれである．

原因と結果の関係の強さが，原因以外の要因によって異なる場合があるが，このような場合を，交互作用があるという．（横軸に原因，縦軸に結果をプロットした際に，ある要因によって傾きが異なる場合である）．先ほどの例では，横軸に「コーヒー摂取量」と縦軸に「心血管系疾患」発生率の間に直線関係が見られるとすると，その傾きが，喫煙者群と非喫煙者群で傾きが異なるようであれば，「コーヒー摂取量」と「喫煙」の交互作用があるという．

4.2 バイアス（偏り）

試験で得られた結果と真の状態の間に系統立った（どちらかの方向に偏った）違いがあるときバイアスがあるといわれる．臨床試験にはさまざまなバイアスが入り込む可能性がある．バイアスには大きく選択バイアスと情報バイアスに分けられる．いくつかのバイアスの例をあげる．

選択バイアス：試験対象集団から，対象者を選択する方法が不適切であるときに生じる．例えば，試験対象に選ばれた患者群が，適応される患者群と異なる場合に生じる．複数の施設で試験を行うとき，協力を得やすい施設の使用方法が偏っている場合や高齢者に多い疾患の試験対象に若年者が多く選ばれてしまった場合なども考えられる．

選択バイアスの例として，他に，参加バイアス（調査への協力が特定の理由で拒否される場合など）などがある．

情報バイアスは，測定バイアスともいわれ，比較する群によって異なる方向へ測定誤差が入る場合である．

観測者バイアス（特定の観測者が疾患や症状などを過大評価したり，過小評価したりする場合に生じるバイアス），思い出しバイアス（重篤な副作用を経験した人は，薬の服用に関して思い出しやすい），検出バイアス（検出方法が群ごとに異なったり，観測者が対象者がどちらの群になっているかを知っていると，特定の群で思いこみによって発生率が異なる場合）などがある．

臨床試験のバイアスをなくすことは困難であるが，実験デザインをよく考えて計画を立てることによってバイアスを小さくすることができる．例えば，盲検化を行ったり，検出の定義を標準化するなどの方法が考えられる．

また，これらとは別に，メタアナリシスを行う場合に生じる公表バイアスが知られている．公表バイアスとは，差が見られた試験結果は公表されるが，差が見られなかった試験結果は論文として発表されないことが多い．その結果，差がある方にバイアスがかかることになる．

4.3 エンドポイントと必要治療数

4.3.1 エンドポイント

臨床試験におけるエンドポイントとは，試験の観測，評価項目のことをさし，期待される結果を想定して設定される．主要評価項目または主要変数（primary endpoint）と副次的評価項目（secondary endpoint）に分けて記載されることが多い．主要評価項目は，臨床的に意味のある効果を反映する項目であり，客観的評価が可能な項目である．通常，試験の主要な目的に基づいて選択される．副次評価項目は，主要評価項目以外の効果を評価する項目であり，主要評価項目に関連していることもあれば関連していないこともある．例えば，がん治療における主要評価項目には延命効果やQOLに設定されることが多い．その場合，副次的評価項目には，がんの縮小，進行抑制などがあげられる．

エンドポイントには真のエンドポイント（true endpoint）と代替エンドポイント（surrogate endpoint）に分けられる．臨床試験における真のエンドポイントとは，治癒，延命（死亡），QOLの向上など，臨床判断に直接結びつく項目である．代替エンドポイントは真のエンドポイントの代わりとなる項目である．臨床試験では真のエンドポイントで有効性や安全性を評価すべきであるが，代替エンドポイントを用いて評価されることもある．代替エンドポイントを用いることによって，臨床試験をスムーズに行うことが可能となる．例えば，糖尿病治療においては，真のエンドポイントを透析導入までの期間とした場合，結果が得られるまでに長い試験期間が必要である．真のエンドポイントの代わりに血糖値の低下，HbA_{1c}の低下を代替エンドポイントとすることで試験期間を短くすることができる．しかし，代替エンドポイントが真のエンドポイントの代わりになるかどうかは十分な検討が必要である．

4.3.2 治療必要数（Number Needed to Treat）

NNTは，疫学指標として用いられ，絶対リスク減少率（リスク表）の逆数を治療必要数として定義される．治療必要数は一例の有効例を経験するために何人治療する必要があるかの人数を示している．例えば，次の三つの例を見てみる．これまでの治療Aに比べて新しい治療Bがイベント発生割合を示している．

		治療A	治療B	相対リスク	絶対リスク減少率	NNT
臨床試験1	イベント有り	20%	10%	10/20=0.5	20%−10%=10%	10人
臨床試験2	イベント有り	80%	40%	40/80=0.5	80%−40%=40%	2.5人
臨床試験3	イベント有り	0.2%	0.1%	0.1/0.2=0.5	0.2%−0.1%=0.1%	1000人

三つの臨床試験結果，治療Bでは，いずれの場合も相対リスク（リスク比）は0.5であり，相対リスク減少率は50%である．絶対リスク減少率はそれぞれ，

10%，40%，0.1% である．絶対リスク減少率の逆数である NNT は 10 人，2.5 人，1000 人となっている．すなわち，臨床試験 1 では，治療 A を 100 人に行った場合は 20 人がイベントを発症するが，治療 B を 100 人行った場合は 10 名がイベントを発症することになり，100 人中 10 名（20 人-10 人）がイベント発症しないですんだことになる．すなわち，10 人に治療 B を行うと，1 名はイベント発症しないことになる．別な表現では，何人に治療すると 1 人の患者がイベント発症を防ぐことができるかを示した値が NNT である．

同様に臨床試験 2 では，2.5 人に治療すれば 1 人の割合でイベントを起こさずにすむことになる．しかし，臨床試験 3 では，1000 人に治療して 1 人のイベントを抑えることになるのでリスク比が同じであっても患者は治療法の効果の恩恵を受ける可能性が非常に低いことになる．臨床試験の結果を，実際の患者に適用するとき，その患者にどの程度のベネフィットがあるかを考える上での指標となる．

Topic : 例数設計

仮説検定では，サンプルサイズ（例数）を多くすると研究結果の確からしさが上昇するので正確な結果が得られる．しかし，実際は，必要以上のサンプル数は資源の無駄であり，逆にサンプル数が少ない場合は，意味のある差が検出できないおそれがある．そこで，適切なサンプルサイズで臨床試験を実施する必要がある．

次のような手順でサンプルサイズを決定する．

例えば，2 群（A 群，B 群）の母平均の差を検定する際に用いられる t 検定量は次の式（4.1）で求める．

$$t = \frac{|\mu_A - \mu_B|}{\sqrt{SD_A^2/N_A + SD_B^2/N_B}} \tag{4.1}$$

μ は母平均の平均値，SD は標準偏差，N はデータ数である．t 検定では，この値が棄却限界値と超えた場合に有意差があると考える．

等分散を仮定して，平均値の差を $\varDelta$ とする．さらに，2 群のデータ数が等しいときは式（4.1）は式（4.2）となる．

$$t = \frac{\varDelta}{\sqrt{2 \times SD^2/N}} \tag{4.2}$$

式（4.2）を変形すると $N = \dfrac{2 \times t^2 \times SD^2}{\varDelta^2}$ となる．

このとき，棄却限界値を 5% とするとき，正規分布を仮定して片側 2.5% とすると，$t = z_{2/\alpha} = 1.96$ となる．このようにして，予想される 2 群間の差（$\varDelta$）と標準偏差がわかると必要なサンプルサイズを求めることができる．しかし，この値は，第一種の誤差（α）を 5% としたときの値であり，第二種の誤差（β）は 50%（差があるときに，差がないと判断する可能性が 50%）とみなしている．そこで，第二種の誤差を制御するために z_β の値を加えた値を用いてサンプルサイズを求める式が得られる

$$N = \frac{2 \times \{z_{2/\alpha} + z_\beta\}^2 \times SD^2}{\varDelta^2}$$

4 臨床試験を実施する際の問題

表 4.1 α と $z_{2/\alpha}$ と β と z_β の関係

α	$z_{2/\alpha}$	β	z_β
1.0%	2.576	50%	0
2.0%	2.326	20%	0.840
5.0%	1.960	10%	1.282
10.0%	1.645	5%	1.645

表 4.1 にサンプルサイズを求めるときに便利な α と $z_{2/\alpha}$ と β と z_β の関係を示した．

例えば，高血圧治療薬間の比較で，血圧低下作用の差が 5 mmHg，標準偏差が 10 mmHg とし，$\alpha=5\%$，$\beta=20\%$ でこの差を検出するために必要なサンプルサイズを求めると，

$$N=\frac{2\times\{1.960+0.84\}^2\times 10^2}{5^2}=62.7$$

となり，一群 65 例程度の患者が必要となることがわかる．またこの式は近似的に $N\approx\dfrac{16\times SD^2}{\Delta^2}$ で表されることを知っていると便利である．

サンプルサイズは標準偏差が 2 倍になると 4 倍に，差が 2 倍になると必要なサンプルサイズは 1/4 になる．できるだけばらつきの少ないデータを集めることはサンプルサイズの点からも重要である．

5 EBM の考え方

EBM（Evidence Based Medicine：根拠に基づく医療）の考え方における統計学的側面，ランダム化比較試験からのエビデンス評価，複数のランダム化比較試験成績を統合して評価するシステマティックレビューとメタアナリシスを学ぶ．

5.1 ランダム化比較試験からのエビデンス評価

EBM における根拠（エビデンス）の評価において基本となるのはランダム化比較試験からのエビデンス評価である．

米国医師会 EBM ワーキンググループが JAMA（米国医師会雑誌）に 1993 年から 1994 年にかけて「医学文献の読み方」と題する一連の論文を掲載した．これはランダム化比較試験論文からどのようにエビデンスを評価するかのガイダンスである．その中の Guyatt 他のガイド[1]を表 5.1 に示す．

表 5.1 ランダム化比較試験論文を読むためのガイド

A 研究の結果は妥当か
第1の基準
1. 患者の治療への割り付けはランダムか
2. 試験に参加したすべての患者が適切に把握され，結果に反映されているか
―経験観察は完全か
―ランダムに割り付けされた群として解析されているか
第2の基準
3. 患者，医師，評価者は治療に対し，目隠しされているか
4. 患者の背景データの分布は同様か
5. 患者群は比較する治療法以外，同様に治療されたか
B 結果はなにか
6. 治療効果の大きさ
7. 治療効果の大きさの推定精度
C 患者への適応
8. 試験結果は自分の患者に当てはまるか
9. 臨床的に意味のあるすべての評価項目が検討されているか
10. 治療効果は副作用や費用に見合うか

JAMA 1993: 270 (21), 1994: 271 (1) より引用．

米国医師会雑誌ではこのような臨床論文の読み方に応えるランダム化比較試験論文の作成をCONSORT声明として勧告した[2]．ランダム化比較試験論文はこの勧告に沿って作成していることを示してJAMAに医学論文を投稿する．英国医師会雑誌，カナダ医師会雑誌，Lancetなど欧米の主要医学雑誌がこの勧告を採用し，コホート研究などの臨床論文についての勧告も発表された．欧米では多くの臨床論文がこの勧告に従って作成されるようになり，臨床論文からのエビデンスの評価が容易になっている．

日本の臨床試験論文はこの勧告に従って作成されていない．そのため，論文からエビデンスを評価するときいろいろ疑問が残る．しかし，日本人の治療のエビデンスの評価には日本の臨床論文は欠かせない．

そのため医薬品についての日本で実施され発表されているランダム化試験論文を例としてとりあげ，エビデンスを評価する方法を学ぶ．

【例5.1】 抗インフルエンザ治療薬タミフル（一般名：リン酸オセルタミビル）のエビデンス

タミフル服用後の異常行動による転落死の多発が報道されている．タミフルについて本当に効くのか，どれだけ効くのか，やめてもよいかといった相談を受ける．薬剤師は添付文書に引用されているランダム化比較試験論文[3]をとりよせ，タミフルがほんとうにインフルエンザの治療に有用なのか，表5.1に従って評価することにした．

5.1.1 研究の結果は妥当か
a. 第1の基準
1. 患者の治療への割り付けはランダムか

試験法に「4症例を1組として施設で層化した置換ブロック化無作為割付法により実施した」との記述があるので，割り付けはランダムであると判断する．GCPが施行されてから日本の治験はランダム割り付けで実施されるようになったが，それまではランダム割り付けの実施は難しかった．

2. 試験に参加したすべての患者が適切に把握され，結果に反映されているか

38℃以上の高熱，筋肉または関節痛など2項目以上のインフルエンザ症状を示し，試験担当医師がインフルエンザに感染していると判断した患者で，発症後36時間以内に登録可能な16歳以上の男女を試験参加者として登録．
―経過観察は完全か
① 登録録患者316人をリン酸オセルタミビル群154人，プラセボ群162人に割り付け
② 治験完了はリン酸オセルタミビル群151人（98％），プラセボ群151人（93％）

─ランダムに割り付けされた群として解析されているか
① 主要有効性解析対象集団
リン酸オセルタミビル群122人（79％），プラセボ群130人（80％）
試験開始1日目のウイルス検査でインフルエンザに感染していない患者61人（リン酸オセルタミビル群31人，プラセボ群30人）と，感染が確認されたものの1回も治療薬を服用しなかった患者3人（リン酸オセルタミビル群1人，プラセボ群2人）を除外

ここで問題となるのはウイルス検査でインフルエンザでないとされた61人の患者の扱いである．検査に時間がかかり治療薬は発症後36時間以内に服用する必要があるため，検査前の症状からインフルエンザ感染を医師が判断し試験対象としたが，20％はインフルエンザでなかった．インフルエンザ増殖を抑制する作用を利用した治療薬の比較試験であるから，感染していない患者を除外して主要有効性解析対象集団としている．

ランダム化比較試験で治療効果を比較するときは，最初にランダムに割り付けられた偏りのない患者群について比較するのが原則である．試験途中で中止・脱落した患者の成績を除外して比較すると，真の治療効果を反映しない偏った成績の比較になることがある．

試験が開始されてから，登録基準を満たしていない患者，試験治療を1回も受けていない患者が見出され，先の原則の適用が困難なこともある．そのため，「臨床試験のための統計的原則」でも除くべき理由のある最低限の患者を除外して解析してもよいとしている．本試験では1回も治療薬を服用しなかった患者3人は除外してもよいだろう．

しかし，ウイルス検査でウイルス感染が確認できない患者61人を除外するとランダム割り付け後に20％の患者を除外することになる．20％もの患者を除外して治療効果を比較してバイアスがないだろうか？

臨床論文を読み進めると「考察」に，61人を含めた患者集団を副次的解析対象集団として治療効果の解析も実施したとの記述があるので，次の検討に進むことにする．

b. 第2の基準

3. 患者，医師，評価者は治療に対し目隠しされているか

試験法に「薬剤，包装形態，ラベル表示などの識別不能性の確認を行った」，「割り付け表は封印して保管した」との記述があるので，目隠しされていると判断する．被験薬かプラセボかが約半数の患者に分かった臨床試験の例[4]がある．分かった患者と分からなかった患者では臨床成績がまったく異なる結果となった．これは試験途中の目隠しの維持が大切であることを示している．

4. 患者群の背景データの分布は同様か

主要有効性解析対象集団について年齢，性別，喫煙の有無，入院・外来別，ウイルスタイプ，治療開始1日目のウイルス力価，発病から治療開始までの時間の分布に有意な差があるかどうか検定している．その結果，性別，入院・外来別，発病から治療開始までの時間に有意な差が見出された．

 女性患者：リン酸オセルタミビル群75人（61.5%），プラセボ群61人（46.9%）

 入院患者：リン酸オセルタミビル群11人（9.0%），プラセボ群4人（3.1%）

 発病から治療開始までの時間：リン酸オセルタミビル群24.5時間，プラセボ群22.5時間

ランダム割り付けしてもすべての背景データの分布が同様になるわけではない．多くの項目について分布の差を検定すれば，有意な項目も出現する．問題はその項目が治療効果に影響するかどうかである．治療効果に影響する因子を**共変量**という．共変量になっていて，かつ分布に差があれば，共変量を独立変数X，治療効果を従属変数Yとして回帰分析により影響の大きさを推定，調整して治療効果を比較する必要がある．これを**共分散分析**という．共分散分析は治療効果が連続的な尺度の場合に用いられる．効果の有無といった二値的な尺度の場合は，**ロジスティック多重回帰モデル**で他因子の影響を調整する（Topic 他因子の影響を調整したオッズ比参照）．治療効果が生存曲線を比較している場合は比例ハザードモデルを用い **Cox（コックス）回帰**により他因子を調整する．

治療開始1日目のウイルス力価については共変量として共分散分析をしたとの記述があるが，他の項目については共変量の検討の記述がない．

5．患者群は比較する治療法以外，同様に治療されたか

アセトアミノフェンを除く解熱鎮痛剤，抗ヒスタミン剤，総合感冒薬など影響があると思われる併用薬は禁止したが，アセトアミノフェンについては症状が激しく，やむをえないときは症状軽減のため使用を認めている．治療効果の大きさをインフルエンザ罹病期間，すなわち「インフルエンザのすべての症状が改善するまでの時間」としている．治療効果の大きさには，このアセトアミノフェンの使用が影響する．「結果」にアセトアミノフェン使用の分布が患者群について同様かどうかの記述はない．

以上の検討でいくつかの疑問が残ったが，次に進む．

5.1.2　結 果 は な に か

6．治療効果の大きさ

① 主要有効性解析対象集団についてのインフルエンザ罹病期間中央値
 リン酸オセルタミビル群70.0時間，プラセボ群93.3時間

インフルエンザ罹病期間を 23.3 時間短縮

有意確率（$p=0.0216$：一般化 Wilcoxon（ウイルコクソン）検定）

② 副次的解析対象集団についてのインフルエンザ罹病期間中央値

リン酸オセルタミビル群 63.1 時間，プラセボ群 81.8 時間

インフルエンザ罹病期間を 18.7 時間短縮

有意確率（$p=0.0180$：一般化 Wilcoxon 検定）

7．治療効果の大きさの推定精度

　　主要有効性解析対象集団についてのインフルエンザ罹病期間短縮の 95％ 信頼区間 5.1 時間から 48.5 時間

　治療効果の大きさとして，主要有効性解析対象集団についてのインフルエンザ罹病期間の短縮とその 95％ 信頼区間を推定している．罹病期間のようなイベントが発生するまでの時間のデータの分布は，正規分布よりも指数分布に従うことが多い．そのため罹病期間の推定は平均でなく中央値を用いている．

　主要有効性解析対象集団はランダム割り付け後，インフルエンザ非感染が確認された 61 人を除外しているため，比較にバイアスが入る可能性がある．「考察」ではこの 61 人を除外しない副次的解析対象集団についても罹病期間を比較している．その結果，罹病期間の中央値は同じように短縮し，統計的に有意であった．このため治療薬の罹病期間短縮効果は偏りのない結果と判断される．

　罹病期間の差の検定に用いた**一般化 Wilcoxon 検定**は U 検定を打ち切りデータがある場合にも適用できように拡張したものである[5]．打ち切りデータは試験期間中に観察が終了せず観察が打ち切られたデータである．

　背景データの分布の偏りの影響について，共変量の可能性を検討したかどうかの記述はない．

　アセトアミノフェン使用については「考察」にリン酸オセルタミビル群では，「アセトアミノフェンの使用量が少なかった」との記述がある．アセトアミノフェンはインフルエンザ症状が激しいとき，その軽減に使用を許可している．リン酸オセルタミビル群はその使用が少ないとの記述があるので，罹病期間の短縮効果はアセトアミノフェンによるものではないと判断する．

　以上治療効果の大きさを推定できたので，この臨床試験の結果を自分の患者に適用できるかの検討に入る．

5.1.3　患者への適用

8．試験結果は自分の患者に当てはまるか

　試験に参加した患者，試験を実施した場所

　　① 二つ以上のインフルエンザ症状を有し，医師がインフルエンザ感染症に罹患していると判断した 16 歳以上の男女で発症後 36 時間以内に登録可能な

患者

② 北海道から九州まで全国79病院で実施

ランダム化比較試験では被験者を母集団からランダム抽出することはできない．そのため，試験結果が適用できるのは試験に参加した患者と同質な患者集団となる．したがって，試験に参加した患者がどのような患者で，どのような施設で試験が実施されたかは自分の患者に適用できるかどうか判断するために重要である．

①，②からかなり広い患者層に適用できそうである．しかし，背景データの分布をみると

十歳代の患者：リン酸オセルタミビル群2人（1.6%），プラセボ群5人（3.8%）

高齢者（65歳以上）：リン酸オセルタミビル群7人（5.7%），プラセボ群9人（6.9%）

B型インフルエンザ患者：リン酸オセルタミビル群6人（4.9%），プラセボ群5人（3.8%）

十歳代の患者や高齢者，B型インフルエンザの患者が少ない．これらの患者について治療効果が当てはまるとはこの試験結果だけからはいえない．

9. 臨床的に意味のあるすべての評価項目が検討されているか

インフルエンザ罹病期間のほか，インフルエンザ総症状スコアのAUC，ウイルス力価が検討されている．治療3日目のウイルス力価（$\log_{10} TCID_{50}/mL$）の平均（標準偏差）は

リン酸オセルタミビル群0.66（1.03），プラセボ群1.10（1.20）

で，治療1日目のウイルス力価を共変量として調整しても有意に減少している．このことからインフルエンザ罹病期間の短縮はウイルス増殖抑制によるものと判断する．

10. 治療効果は副作用や費用に見合うか

本臨床試験論文から治療効果は次のようになる．

リン酸オセルタミビルは成人のA型インフルエンザ感染症についてウイルス増殖抑制効果により発症36時間以内に治療を開始するときは半数の患者のインフルエンザ症状のすべてを70時間以内に消失させる．本剤を用いないプラセボ治療では半数の患者がすべてのインフルエンザ症状を消失させるまでの時間は93.3時間である．

副作用についてはこの臨床試験では腹痛，下痢，嘔吐などの有害事象がリン酸オセルタミビル群でもプラセボ群でも発現したが，発現率に有意な差はない．異常言動・異常行動・飛び降りは本試験論文では報告されていない．

タミフル70 mg錠の薬価は1錠360円，1日2回5日間服用なので費用は3,600円である．

薬剤師は，成人がA型インフルエンザに感染したとき，タミフルを服用するとプラセボ服用と比較して約1日早く治るというエビデンスがあるが，服用しなくても，半数の人は4日間ほどで治ることを説明しようと思った．

この臨床試験は承認申請資料となっているため，医薬品医療機器審査センターで審査され，その審査報告書[6]が公開されている．それを読むと，論文で疑問に思ったことが，審査においても同じように疑問とされ，申請者に回答を求めていることが分かる．センターからの質問に対して申請者は追加解析や追加資料を加えて回答している．それにより，審査センターは例えば，「B型インフルエンザに対する治療効果については，海外の臨床試験成績から一定の評価が可能である」とし，市販後の有効性・安全性に関する情報の集積を条件として適応に加えている．

5.2 システマティックレビューとメタアナリシス

一つの予防・治療法についてこれまで実施された臨床試験を収集して要約する方法に**システマティックレビュー**（Systematic review）がある．これが伝統的な総説と呼ばれるレビューと違うところは客観的なことである．そのため，システマティックレビュー論文では臨床試験を収集する方法と収集した試験結果を採用するか否かの選択基準を示している．

複数の試験の治療効果の大きさを統計的に統合して定量的に評価する方法が**メタアナリシス**（meta-analysis）である．臨床試験を試験方法，試験対象集団，治療効果の評価法，試験の質などで分類し，類似のものについては統計的に統合することができる．メタアナリシスではまず各試験の治療効果が異質なものかどうかを統計的に評価し，異質でなければ，複数の試験結果を統合して治療効果の大きさを推定する．

多くの予防・治療法についてランダム化比較試験を系統的に収集し，システマティックレビュー，メタアナリシスを提供しているデータベースが**コクラン ライブラリー**（Cochrane Library）である．

コクランライブラリーには医薬品のみならず健康食品の予防・治療法についてのシステマティックレビューも収載されている．

薬剤師は医薬品だけでなく健康食品についても相談される．また，いわゆるトクホ（特定保健用食品）は「食後の血糖値の上昇を穏やかにする」，「食後の血中中性脂肪が上昇しにくいまたは身体に脂肪がつきにくい」という表示が審査により認められることになった．その申請にはランダム化比較試験の成績が必要である．さらに「疾病リスク低減表示」も審査により認められるが，その申請には臨床試験のメタアナリシスが必要とされている．

そのため健康食品を例としてとりあげ，システマティックレビューとメタアナリシスについて学ぶ．

5 EBMの考え方

【例5.2】 エキナセア製品の風邪予防・治療効果

ドイツから帰国した患者さんから,「ヨーロッパではエキナセアというハーブが,昔から風邪予防・治療に効果があるといわれ,よく使われている.私も使っていて日本に持ってきたが,本当に効くのか」という相談を受けた.

独立行政法人国立健康・栄養研究所:「健康食品」の有効性・安全性情報の素材情報データベースでエキナセアについて調べてみると,「複数の無作為割付臨床試験(RCT)を統合した1件のシステマティックレビューから,いくつかのエキナセア製剤が,風邪の治療と予防にプラセボよりも効果があるという可能性を示す限定的なエビデンスが見つかったが,通常の風邪の治療と予防に特定のエキナセア製剤を推奨するだけの十分なエビデンスは見つからなかった」[7]との記述がある.

システマティックレビューはコクランライブラリーにあるK. Lindeら[8]によるものである.

1998年春までに出版されたエキナセアの風邪予防・治療効果を検証するランダム化比較試験について合計40試験の論文を収集した.その中から,風邪が対象でない,あるいはランダム化比較でないなどの理由により,24試験を除いて,16試験を選択した.その中で予防試験は8試験で,治療試験が8試験であった.

試験の質は不十分で,試験に用いたエキナセア製剤も単剤と混合剤があった.しかし,単剤と質の高い試験に限ると論文の数が少なくなりレビューができない.そのため試験の質の低い試験,混合剤を用いた試験も選択している.

治療効果についてプラセボと比較した8試験では6試験について有意な治療効果が認められ,2試験については有意な治療効果は認められなかった.しかし治療効果の評価方法がまちまちで,また各試験の成績も大きく異なっていた.そのためメタアナリシスは実施していない.

予防試験では5試験がプラセボとの比較,3試験が無治療との比較(服用と非服用の比較)であった.

無治療と比較している3試験は,いずれも小児を対象とし,エキナセア製品(他のハーブ抽出物との混合)の服用と非服用について風邪感染の有無を比較している.この3試験は予防効果を試験期間中に1回でも風邪の症状を示したかどうかで評価している.試験対象集団は小児である.試験方法・用いた製品・評価方法・試験対象が同じなので,K. Lindeらはメタアナリシスを実施している.

表5.2に3試験の成績を引用して示す.

エキナセア製品服用と風邪感染について,オッズ比とその95%信頼区間を漸近分散法で求めて表の右側に示す.3試験ともエキナセア製品を服用すると風邪感染のオッズ比が1より小さくなり,エキナセア製品に風邪予防効果があることを示している.その95%信頼区間は1.0を含まず予防効果は有意である.

3試験とも同じような成績を示しているので,同質と考えてメタアナリシスを実施する.3試験について異質性の検定を実施すると有意でない($p=0.60$).そ

表 5.2　エキナセア製品の風邪予防効果：無治療との比較

試験	服用 感染あり	服用 感染なし	非服用 感染あり	非服用 感染なし	オッズ比 (95% 信頼区間)
1. Helbig 1961	62	260	140	182	0.31 (0.22-0.44)
2. Kleinschnidt 1965	62	47	78	22	0.37 (0.20-0.68)
3. Freyer 1974	43	97	74	70	0.42 (0.26-0.68)
統合したオッズ比					0.35 (0.27-0.45)
異質性の検定　$\chi^2=1.022$, df=2, ($p=0.60$)					

データは The Cochrane Library, Issue 4 2003 より引用．

こで3試験は同質と扱って，統合したオッズ比とその95%信頼区間を求めると0.35（0.27-0.45）と有意な予防効果が認められる．

個々の試験のオッズ比と統合したオッズ比の推定値を図示する**フォレストプロット**（forest plot）を図5.1に示す．統合したオッズ比の信頼区間は個々の試験のオッズ比の信頼区間より狭く，オッズ比推定の精度が高くなっている．

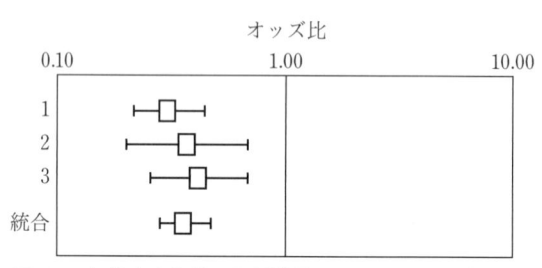

図 5.1　無治療と比較した予防効果のフォレストプロット

無治療との比較では，エキナセア製品は小児に対して風邪の予防効果があるといえそうである．しかし，無治療と比較した3試験はランダム化とはいえ，乱数を用いた割り付けではなく，順番に服用か非服用かに割り付けるという，あまり信頼のおけない方法である．無治療との比較では医師にも試験対象者にも割り付けは目隠しされない．さらに，この試験に用いたエキナセア製品には他のハーブの抽出物も混合されている．このため，予防効果がエキナセアの効果かどうか分からない．

プラセボと比較した5試験の風邪感染予防効果成績を表5.3に引用して示す．

2試験のオッズ比の95%信頼区間は1.0を含まず，予防効果は有意であった．
3試験のオッズ比の95%信頼区間は1.0を含み，予防効果は有意ではなかった．

表 5.3　エキナセア製品の風邪予防効果：プラセボとの比較

試験	エキナセア 感染あり	エキナセア 感染なし	プラセボ 感染あり	プラセボ 感染なし	オッズ比 (95% 信頼区間)	オッズ比 の対数	標本の 大きさ
1. Hoheisel 1997	24	36	36	24	0.44 (0.21-0.92)	−0.82098	120
2. Melchart 1998	61	138	33	57	0.76 (0.45-1.29)	−0.27444	289
3. Schoneberger 1992	35	19	40	14	0.64 (0.28-1.47)	−0.44629	108
4. Forth 1981	22	44	19	10	0.26 (0.10-0.66)	−1.34707	95
5. Schmidt 1990	132	190	155	169	0.76 (0.55-1.03)	−0.27444	646

データは The Cochrane Library, Issue 4 2003 より引用．

表5.3のデータに機械的にメタアナリシスを実施すると異質性の検定は有意でなく（$p=0.2$），統合したオッズ比は 0.66（0.53-0.84）と予防効果は有意となる．しかし，レビューアーはメタアナリシスを実施していない．

5試験の異質性が大きく，メタアナリシスは適用できないと判断したからである．

5試験の中で1-3の3試験はエキナセアの単剤を用い，4-5の2試験は混合剤を用いている．予防効果を，2-5の試験では8〜12週間の試験期間中に1回以上の風邪症状の有無で評価している．1の試験では風邪の症状があった被験者にエキナセア製剤かプラセボを与え，悪化して完全に風邪となったかどうかで評価している．

また，このデータから出版バイアスの可能性が予想される．オッズ比の対数と標本の大きさを散布図にプロットしたものを図5.2に示す．オッズ比が小さいと標本は小さい．標本の大きな試験では有意な結果とならなくても出版されるが，標本の小さな試験では有意な結果にならないと出版されない．これを**公表バイアス**という．すべての試験結果が出版されるとき，真のオッズ比は標本の大きい試験のオッズ比に近く，散布図は真のオッズ比のまわりに左右対称に分布する漏斗をさかさにしたような図となる．そのため，この散布図を**漏斗プロット**（funnel plot）という．

図5.2は明らかに左右対称でなく，出版バイアスの可能性を示す．

メタアナリシスの異質性の検定は章末のTopicの計算手順からも分かるように，個々の試験のオッズ比の違いがどれだけ大きいかという統計的異質性である．統計的異質性が有意でなくても予防・治療効果の評価法や試験に用いた製剤など試験方法の異質性が高ければ，メタアナリシスによる統合した予防・治療効果の大きさの推定は実施できない．

システマティックレビューの結論としては，「風邪予防・治療効果があるというエビデンスがあるものの，エキナセア製品を実際の治療・予防に使うことを薦めることはできない．エキナセア製品が製品ごとに違いが大きく，試験方法の質が高くないので，どの製品・用量をどのような状況で使えば有効なのか結論を出

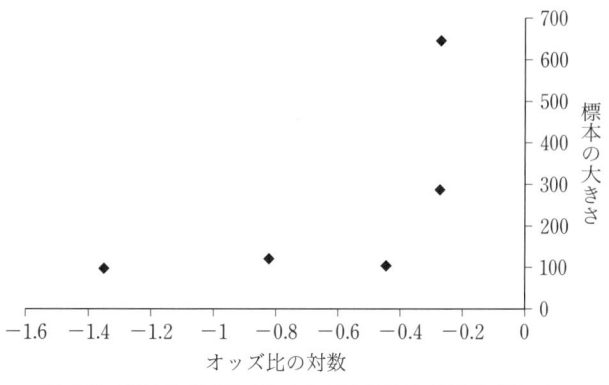

図 5.2 出版バイアスがないかどうかを示す漏斗プロット

せない」としている.

　このシステマティックレビューは更新されている[9)].

　更新されたレビューでは58の比較試験から42試験を除いて16試験を選択している.前回のレビュー時と比べ,今回のレビュー時では臨床試験の質も向上し,エキナセア製剤も単剤を用いた試験が多くなった.ランダム化が不十分な試験や他のハーブとの混合を用いた試験など前回選択されていた16試験のうち11試験が今回のレビューでは除かれている.表5.2の3試験も今回のレビューでは選択されていない.

　選択された16試験の中で無治療や他の治療と比較している2試験を除くと,プラセボと比較して有意な効果を示した試験が7試験,有意でない効果を示したのが7試験であった.単剤であってもエキナセアの種類,部位,製法に違いがあり,予防・治療効果は製剤による違いが大きく,メタアナリシスは実施されていない.レビューアーは結論として「現在市販されているエキナセア製品の違いが大きく,大多数の製品は臨床試験が実施されていないことに消費者や医師は気づいてほしい」と記述している.

5.3　臨床試験デザインとエビデンスレベル

　ランダム化比較試験の他にもコホート研究や症例対照研究,症例報告などがエビデンスとして評価対象となる.そのような観察研究も含めて臨床研究のデザインと**エビデンスレベル**の評価についてオックスフォード大学EBMセンターは表5.4のようなガイダンスを示している[10)].

　推奨レベルがAと高いのはランダム化比較試験によるエビデンスである.その中でエビデンスレベルが最も高いのは複数のランダム化試験であり,その試験が均質でメタアナリシスにより精度の高い予防・治療効果の大きさの推定が行われていることである.

　次に個々のランダム化比較試験のエビデンスがくる.質の高いランダム化比較試験で有意かつ信頼区間の狭い予防・治療効果の大きさの推定ができているほどエビデンスは高い.

　次のオール　オア　ナン　の治療効果はランダム化比較ではない.しかしそれに準じるエビデンスがあると評価される.その治療方法が適用される前は100%死亡していたときにその治療方法が適用されると助かる患者がいる,あるいはその治療方法が適用される前は死亡する患者がいたが,その治療方法が適用されると死亡する患者は0%というような場合である.

　推奨レベルがBのエビデンスはコホート研究や症例対照研究など観察研究によるものである.質の低いランダム化比較試験,例えば試験中止や脱落が多く経過観察症例数が80%未満のような場合はコホート研究のエビデンスと同レベルになる.ランダム化によって回避したはずのバイアスが,多くの試験中止・脱落

5 EBMの考え方

表 5.4 臨床試験デザインとエビデンスレベル

推奨の レベル	エビデンス のレベル	種　　類
A	1a	ランダム化比較試験のシステマティックレビュー （メタアナリシスができる）
	1b	個々のランダム化比較試験（信頼区間は狭い）
	1c	オール　オア　ナンの治療効果
B	2a	コホート研究のシステマティックレビュー （メタアナリシスができる）
	2b	個々のコホート研究（または質の低いランダム化比較試験）
	2c	アウトカム研究
	3a	症例対照研究のシステマティックレビュー （メタアナリシスができる）
	3b	個々の症例対照研究
C	4	症例集積（または質の低いコホート研究，症例対照研究）
D	5	専門家の意見（明確な批判的吟味がない，生理学基礎研究， 原理・原則に基づく）

オックスフォード大学EBMセンターホームページより引用

によって生まれる可能性があるためである．

　アウトカム研究は治療方法の違いによる治療のアウトカム（転帰）を比較するが，治療方法を患者にランダムに割り付けることはしない．

　観察研究でも，コホート研究は前向きの観察であるが，症例対照研究は後向きの調査であるため，バイアスの可能性は高くエビデンスのレベルは低くなる．

　推奨度Cのエビデンスは症例の集積である．質の低い観察研究も同じレベルになる．質の低い観察研究とは，観察研究につきもののバイアスへの対処が不十分な研究である．

　推奨度Dのエビデンスとされているのは EBM の考えかたに基づかない専門家の意見である．

Topic：漸近分散法によるメタアナリシス

　被験薬群と対照群で感染の有無を比較する試験が n 試験あるとき，統合した感染予防効果の大きさ**統合オッズ比**は次のように推定することができる[11]．

　データの一般形を表5.5のように表すとき

　試験 i についてのオッズ比は

$$OR_i = \frac{a_i d_i}{b_i c_i}$$

オッズ比の対数の分布は標本が大きいと漸近的に正規分布となり，その分散は

$$V_i = \frac{1}{a_i} + \frac{1}{b_i} + \frac{1}{c_i} + \frac{1}{d_i}$$

表 5.5 データの一般形

試験	被験薬群		対照群	
	感染あり	感染なし	感染あり	感染なし
1	a_1	b_1	c_1	d_1
2	a_2	b_2	c_2	d_2
…	…	…	…	…
n	a_n	b_n	c_n	d_n

となる．統合したオッズ比の対数 $\ln OR$ は分散の逆数を重み

$$W_i = \frac{1}{V_i}$$

として重み付き平均

$$\ln OR = \frac{\sum_{i=1}^{n} W_i \times \ln OR_i}{\sum_{i=1}^{n} W_i}$$

を用いて点推定する．

統合した対数オッズ比の分散 V は重みの和の逆数

$$V = \frac{1}{\sum_{i=1}^{n} W_i}$$

となるので，統合した対数オッズ比 $\ln OR$ の 95% 信頼区間は

$$(\ln OR - 1.96 \times \sqrt{V}, \ln OR + 1.96 \times \sqrt{V})$$

と推定できる．

各試験の異質性の検定は各試験の対数オッズ比と統合オッズ比の対数との差の重み付き二乗和

$$Q_H = \sum W_i \times (\ln OR_i - \ln OR)^2$$

が自由度 $n-1$ の χ^2 分布することを利用する．

表 5.2 については

$$OR_1 = \frac{62 \times 182}{260 \times 140} = 0.31, \quad \ln OR_1 = -1.17, \quad V_1 = \frac{1}{62} + \frac{1}{260} + \frac{1}{140} + \frac{1}{182} = 0.0326, \quad W_1 = 30.7$$

$$OR_2 = \frac{62 \times 22}{47 \times 78} = 0.37, \quad \ln OR_2 = -0.99, \quad V_2 = \frac{1}{62} + \frac{1}{47} + \frac{1}{78} + \frac{1}{22} = 0.0957, \quad W_2 = 10.5$$

$$OR_3 = \frac{43 \times 70}{97 \times 74} = 0.42, \quad \ln OR_3 = -0.87, \quad V_3 = \frac{1}{43} + \frac{1}{97} + \frac{1}{74} + \frac{1}{70} = 0.0614, \quad W_3 = 16.3$$

となるので，統合した対数オッズ比の点推定値は

$$\ln OR = \frac{30.7 \times (-1.17) + 10.5 \times (-0.99) + 16.3 \times (-0.87)}{30.7 + 10.5 + 16.3} = \frac{-60.41}{57.41} = -1.05$$

オッズ比は

$$OR = e^{-1.05} = 0.35$$

と点推定できる．統合した対数オッズ比の分散 V は

$$V = \frac{1}{57.41} = 0.01742$$

となるので，95% 信頼区間は

$$(-1.05 - 1.96 \times \sqrt{0.01742}, -1.05 + 1.96 \times \sqrt{0.01742}) = (-1.31, -0.79)$$

オッズ比の 95% 信頼区間は

$$(e^{-1.31}, e^{-0.79}) = (0.27, 0.45)$$

と推定できる．

異質性の検定統計量は

$$Q_H = 30.7 \times [-1.17 - (-1.05)]^2 + 10.5 \times [-0.99 - (-1.05)]^2 + 16.3 \times [-0.87 - (-1.05)]^2 = 1.023$$

となるから，自由度 $3-1=2$ の χ^2 が 1.023 となる確率は Excel の関数を用いて
　　CHIDIST(1.023, 2)＝0.60
と得られ，有意ではない．

　この方法は対数オッズ比の漸近的な分散を利用することから，漸近分散法と呼ばれる．リスク比についても対数リスク比の漸近的な分散を利用すると同様に**統合リスク比**を求めることができる．

Topic：メディカル　ライティング

　臨床試験論文も学術論文の一つである．しかし他の学術論文が同じ専門の研究者が読むことを想定しているのに対し，臨床試験論文は専門の研究者だけでなく，臨床現場の医師が読むことを想定している．そのため臨床現場に役立つように記述することが求められ，欧米の大学ではメディカルライティングの講義・演習が設けられている．

　EBM で臨床現場の医師，薬剤師，医療スタッフ，患者が治療法の科学的根拠を評価して選択するようになると，臨床試験論文も評価に必要な項目を必要な詳細さで記述することが求められる．そのような記述のガイドラインが 5.1 で紹介した CONSORT 声明である．臨床試験論文も他の学術論文と同じように，「抄録」，「背景」，「方法」，「結果」，「考察」，と章立てて記述する．CONSORT 声明では治療法の科学的評価に必要な 22 項目が論文のどの章に記述されるべきか示している．

　さらに抄録も，「背景」，「目的」，「方法」，「結果」，「結論」と見出しを立てて記述する**構造化抄録**が推奨される．ある治療法が有効であるという仮説を検証するランダム化比較試験を例にとると「背景」ではその試験背景と仮説を記述する．「方法」でその仮説を検証するための研究デザイン，試験対象者，主要評価項目を記述し，「結果」では主要評価項目の効果の大きさ，推定精度を記述する．「結論」でその研究から導かれるその治療法の意義・意味・解釈を記述する．

　構造化抄録を読むだけで臨床現場の医師・薬剤師・患者はその論文で検証している治療法の科学的根拠のほとんどの評価が可能になる．

引用文献

1) 開原成充，浅井泰博監訳，"JAMA 医学文献の読み方"，中山書店（2001）．
2) 津谷喜一郎，他訳，JAMA 日本語版，第 6 巻，pp. 117～124（2002）．
3) 柏木征三郎，他，感染症雑誌，第 74 巻，第 12 号，pp. 1044～1061（2000）．
4) 折笠秀樹監訳，"臨床試験とは何か"，pp. 36～38，南江堂（1998）．
5) 瀧澤毅，"薬学系学生のための基礎統計学"，pp. 98～99，ムイスリ出版（2008）．
6) 医薬品医療機器審査センター，新薬の承認審査に関する情報，平成 13 年度．
7) 独立行政法人国立健康・栄養研究所，「健康食品」の有効性・安全性情報の素材情報データベース　2007．
8) K. Linde, *et al.*, The Cochrane Library, Isuue 4, 2003.
9) K. Linde, *et al.*, The Cochrane Library, Isuue 2, 2007.
10) Oxford Center for the Evidence-Based Medicine |EBM Tools|: Levels of evidence, 2001.
11) 丹後俊郎，"メタ・アナリシス入門"，朝倉書店（2002）．

付録

1 臨床試験のガイドラインと統計的原則
2 統計処理とコンピュータ

1　臨床試験のガイドラインと統計的原則

　1961年，西ドイツでサリドマイドによる催奇性が報告され，世界的に大きな社会問題となった．我が国においても戦後の薬害の原点となった事件である．この事件を契機に医薬品のより有効で安全性の高い医薬品開発のため，医薬品開発の各段階に適用される各種のガイドラインが作成され公布されている．

　さらに，優れた医薬品の国際的規模での相互受け入れを実現し，新薬承認審査を迅速化するとともに，新医薬品の研究開発の促進とより早く患者の手元へ届けることを目的に日本・米国・EUそれぞれの医薬品規制当局と製薬団体とにより構成された**日米EU医薬品規制調和国際会議ICH**（International Conference on Harmonization of Technical Requirements for Registration of Pharmaceuticals for Human Use）が1991年から活動を開始し，医薬品の品質，有効性，安全性および複合領域に至る項目について種々のガイドライン作成が行われ，合意されたガイドラインについては我が国の基準として採用され厚生労働省より順次公布されている．

　現在，第I相，第II相および第III相に関連する臨床試験のガイドラインや分野横断的な臨床評価ガイドラインが全16［例：臨床試験の一般指針，医薬品の臨床薬物動態試験，高齢者に使用される医薬品の臨床評価法に関するガイドラインなど］，薬効群ごとのガイドラインが全14［例：抗悪性腫瘍薬の臨床評価法に関するガイドライン，降圧薬の臨床評価法に関するガイドラインなど］が公布されている．

1.1　臨床試験ガイドライン

　臨床試験（評価を目的として，ヒトを用いて，意図的に開始する，科学実験）に関わるガイドラインでは，ICH-E6-GCPガイドラインの最終合意を受けて1997年に「医薬品の臨床試験の実施に関する基準（GCP）のガイドライン」（以下**新GCP**）が公布され1998年から全面施行されている．

　新GCPは，倫理的で科学的な**治験**（厚生労働省に医薬品の製造（輸入）承認を申請するための資料を得ることを目的とした臨床試験）を計画・実施するための基準であり，規制当局に提出する治験データを作成する際に従うものであるとされている．新GCPに準拠しない治験成績は承認申請の資料として扱われない．一方，このガ

イドラインを遵守した治験成績はICH-E6-GCPを採用している国々には容易に受け入れられる．したがって，新GCPを守ることは国際的な医薬品開発を行ううえで必須であり，質の高い治験で示される質の高い医薬品の開発が求められている．

また，このガイドラインに規定されている原則は，被験者の安全および福利に影響を及ぼしうる他の臨床研究にも適用される．

●新GCP基本原則

ヘルシンキ宣言に基づく倫理的原則の確保が最優先され，治験においては科学的妥当性が求められている．すなわち，倫理性と科学性の確保が最も重視されている．

倫理性とは
　　被験者の人権と安全性
科学性とは
　　治験方法の科学性
　　治験データの信頼性
の確保である．

1.2　臨床試験の一般指針（ICH-E8ガイドライン）

臨床試験は時間的な流れに沿って初期の第Ⅰ相から後期の第Ⅳ相まで逐次的に実施されるが，臨床試験の一般指針では臨床試験の目的が明確にされるよう目的別の分類概念に基づいて分類することを推奨し，表1のように実施時期と目的に従って分類している．

表 1 臨床試験の分類

試験の種類と対象		試験の目的	試験の例
臨床薬理試験	健康な志願者 特定のタイプ患者	初期の安全性，忍容性評価 薬物動態，薬力学的評価 初期の薬効評価 薬物代謝と薬物相互作用の探索	忍容性試験 薬物動態・薬力学的試験 薬物相互作用試験
探索的試験	比較的狭い基準に従って選択された比較的均質な患者集団	患者における治療効果の探索 次の試験のための用法・用量の推測 次の試験のためのエンドポイント，治療法の対象患者群の評価	探索的用量-反応試験 複数のエンドポイントを用いた初期の試験
検証的試験	意図した適応および対象患者群	有効性の証明/確認 安全性のプロファイルの報告 承認のための安全性・有効性に対する適切な根拠の獲得 用量-反応関係の確立 医薬品の適切な使用法の確立	ランダム化比較試験 用量-反応試験 長期投与試験 大規模臨床試験
治療的使用	日常の診療での患者集団	以前の試験での有効性・安全性および用量などさらに知見を得るための試験 日常診療での有効性・安全性の確立 出現頻度の低い副作用の検出	適応疾患における有効性比較試験 追加的な薬物相互作用試験，用量-反応試験，安全性試験 適切な科学的目的を有した試験

1.3 臨床試験のための統計的原則（ICH-E9 ガイドライン）

　　医薬品の開発の各段階では科学的論理性が必要であり，これが医薬品開発での倫理的原則となっている．臨床試験における科学性の確保には，臨床試験方法の科学性，試験データの信頼性の確保が必要となる．特に臨床試験では有効性・安全性の評価には統計学が重要な役割を占めている．臨床試験における統計学的評価はこのガイドラインに沿って進められることになる．

　　本ガイドラインは臨床試験から得られる結果の偏りを最小にし，精度を最大にすることを大原則に多くの統計的原則について述べている．その中でも，「臨床試験統計家の役割と責任は医薬品開発を支える臨床試験に統計的原則が適切に適用されていることを，他の臨床試験専門家と共同して保証することである」と述べ，臨床試験統計家が計画段階から臨床試験に参加していないと臨床試験が実施できなくなる．

参考文献
1) 医薬品の臨床試験の実施に関する基準：厚生省令第28号　平成10年3月27日
2) 臨床試験の一般指針について：厚生省医薬安全局審査管理課長　医薬審第380号平成10年4

月 21 日
3) 臨床試験のための統計的原則について：厚生省医薬安全局審査管理課長　医薬審第 1047 号 平成 10 年 11 月 30 日

2 統計処理とコンピュータ

統計解析を行う場合，データ数が少ないときは電卓を用いて計算することも不可能ではないが，データ数が多いときはコンピュータを用いるのが現実的である．現在，多くの統計ソフトが市販されており，手軽に利用することができる．しかし，手軽にコンピュータを用いて統計処理が手軽に行えるようになったことによる弊害もある．一つは，不適切な方法（間違った方法）で解析しても，コンピュータはなんらかの答えを返してくるので間違った解析をしても気づかない可能性があること，もう一つは，解析結果に非常に多くの数値が出力されてしまい，その中から必要な情報を探し出すことが難しくなったことである．適切な方法を選択して統計解析を行い，得られた結果を正しく解釈するためには統計学の基本的な知識が要求される．バイオスタティスティクス（生物統計）は，統計学の基本的な知識とコンピュータを用いた解析技術の二つが伴って初めて身につけることができるといえる．

統計解析用ソフトは各種市販されているが，よく用いられているものには以下のようなものがある．

(i) **SAS** （SAS・インスティチュート・ジャパン）http://www.sas.com/offices/asiapacific/japan/

世界的に標準の統計ソフトであり，最新バージョンは9.1.3．年間契約制である．最新の統計手法までカバーしており信頼性は最も高い．大学や研究所で導入している場合は，研究室から使用できるところもある．

(ii) **PASW** （旧SPSS，エスピーエスエス社）http://www.spss.co.jp

汎用統計パッケージであり，最新バージョンは18.0である．メニュー形式で実行しやすい．基本システム（Base）が160,650円：一般，88,200円：アカデミック．医療統計に特化したDr. SPSS II（102,900円）もある．東京図書から使用期間が限定されているがCD-ROM付きの書籍も市販されている．統計ソフトSPSS Student Version 13.0 J（12,600円）

(iii) **JMP** （SAS・インスティチュート・ジャパン）http://www.jmp.com/japan/

探索的統計解析に向いた統計ソフトである．最新バージョンは8.0.1．価格は176,400円：一般，81,900円：アカデミック．

(iv) **R** （http://www.r-project.org/, http://www.okada.jp.org/RWiki/）

オープンソースでフリーの統計ソフト．最新バージョンはR-2.9.1．コマンド

ラインで操作する部分もあるが，メニュー形式での操作も可能である．フリーで本格的統計ソフトが使用可能である点で評価できる．

(v) **Excel**（マイクロソフト）

一般的には，統計解析を行う際に最も身近なソフトウェアはExcelであろう．ただし標準のインストールでは統計解析が実行できるツール（分析ツール）が導入されないので，別途導入する必要がある．（演習参照）

注：各ソフトの最新バージョン，価格は平成21年7月末現在．より新しい情報に関しては，併記したURLを参照されたい．

索 引

χ^2 検定　64
χ^2 値　65
χ^2 分布　28

ANOVA　71

Bonferroni の方法　73

Cochran-Armitage の検定　77
CONSORT 声明　129
Cox 回帰　114

Dunnett の方法　73, 75

EBM　128

F 検定　71
F 分布　31
Fisher の確率計算法　69

Kaplan-Meier 曲線　110

p 値　45

Spearman の順位相関係数　83
Student の t 分布　29

t 分布　29, 56
Tukey の方法　73, 74

Williams の方法　76

あ 行

医学研究デザイン　104
異質性の検定　137, 140
一元配置法　70
医薬品の臨床試験の実施に関する基準（GCP）のガイドライン　144

ウイルコクソンの順位和検定　58, 61
ウイルコクソンの符号付き順位和検定　63
上側確率　25
上側 $100\alpha\%$ 点　25
上側累積確率　38
ウエルチの検定　58
後ろ向き研究　104
後ろ向きコホート研究　106

エビデンスレベル　138
エンドポイント　125

横断研究　104
オッズ　99
オッズ比　105, 117
思い出しバイアス　124
重み付き平均　5

か 行

回帰係数　84
回帰分析　84
介入研究　104
確率分布　19
確率変数　19
確率密度関数　19
確率密度曲線　23
仮説検定　45
片側検定　51
カテゴリカルデータ　2
間隔・比率尺度　59
観察研究　104
観測者バイアス　124

棄却域　48
棄却限界値　48
期待度数　65
帰無仮説　45
95% 信頼区間　37
共分散分析　121, 131
共変量　121, 131

寄与リスク　116
偶然誤差　123
区間推定　36
クロスオーバー試験　104, 107
群間分散　71
群内分散　70

傾向性の検定　77
系統誤差　123
ケースコントロール研究　104
決定係数　87, 88, 96
検出バイアス　124
検出力　51
検量線　89

交互作用　123
交差試験　107
公表バイアス　137
交絡因子　122, 123
コクラン ライブラリー　134
コホート研究　105

さ 行

最小二乗法　85
最頻値　6
算術平均　5
散布図　3, 80, 82

システマティックレビュー　134
下側確率　24, 25
下側 $100\alpha\%$ 点　25
下側累積確率　38
実験計画法　73
質的データ　2
質的変数　2, 4
四分位範囲　9
尺度　2
重回帰分析　84, 95
重相関係数　96
従属変数　84

縦断研究　*104*
自由度　*32, 56*
自由度調整済み決定係数　*96*
主要評価項目　*125*
主要変数　*125*
順序尺度　*2, 59*
症例対照研究　*104*
新GCP　*145*
真のエンドポイント　*125*

スチューデント化した範囲　*74*
スチューデントのt分布　*56*

正規分布　*23*
生存時間曲線　*110*
生存時間分析　*110*
絶対リスク減少率　*125*
説明変数　*84*
選択バイアス　*124*
尖度　*13*

相関係数　*81, 88*
相関係数の検定　*83*
相関分析　*80*
相対危険度　*116*
相対リスク減少率　*125*

た 行

第1種の過誤　*50*
対応のあるデータ　*63*
対数オッズ　*99*
対数変換　*13*
代替エンドポイント　*125*
第2種の過誤　*50*
対立仮説　*45*
多重性　*73*
多重比較法　*73*
単回帰分析　*84*

中央値　*6*
柱状グラフ　*3*
中心極限定理　*28*
治療必要数　*125*

適合度の検定　*64, 66, 67*
データの型　*2*
点推定　*36*

統計的仮説検定　*45*
統計量　*27*
統合オッズ比　*139*
統合リスク　*141*
独立性の検定　*64*
独立変数　*84*

な 行

二項分布　*19*
二重マスク化　*107*
二重盲検化　*107*

ノンパラメトリック検定　*61*

は 行

バイアス　*124*
箱ひげ図　*9*
外れ値　*5*
パラメトリック検定　*61*

ピアソンの積率相関係数　*81*
比・間隔尺度　*2*
ヒストグラム　*3*
非線形最小二乗法　*91*
標準誤差　*13, 33, 35*
標準正規分布　*23, 24*
標準偏回帰係数　*96*
標準偏差　*7, 33, 35*
標本　*16*
標本サイズ　*17*
標本数　*18*
標本分布　*27*
比例ハザード性　*115*
比例ハザードモデル　*114*

フォレストプロット　*136*
副次的評価項目　*125*
プロット図　*4*
分割表　*4*
分散　*7*
分散比の検定　*57*
分散分析　*70*
分散分析表　*72*
分析ツール　*10*

平均値　*5*
ヘルシンキ宣言　*145*
偏回帰係数　*95*
偏差平方和　*7*
変動係数　*7, 8*

ポアソン分布　*21*

母集団　*16*
母比率の95%信頼区間　*39, 41*
母平均の95%信頼区間　*37, 40*
母平均の差の検定　*53*

ま 行

前向きコホート研究　*105*
マンホイットニーのU検定　*58, 61*

無作為化比較試験　*107*
無作為抽出法　*17*

名義尺度　*2*
メジアン　*6*
メタアナリシス　*134*
メディカル ライティング　*141*

目的変数　*84*
モード　*6*

や 行

有意確率　*48*
有意水準　*48*

ら 行

ランダム化比較試験　*107, 128*
ランダム誤差　*123*
ランダム割付け　*17*

リスク差　*116*
リスク比　*116*
両側検定　*51*
量的データ　*2*
量的変数　*2, 3, 4*
臨床試験のための統計的原則　*146*

累積分布関数　*24*

例数設計　*126*

漏斗プロット　*137*
ログランク検定　*113*
ロジスティック回帰分析　*108*
ロジスティック重回帰分析　*99*
ロジスティック多重回帰モデル　*131*
ロジット　*99*

わ 行

歪度　*13*

著者略歴

山村　重雄（やまむら　しげお）
1956 年　新潟県に生まれる
1979 年　東邦大学薬学部卒業
現　在　城西国際大学薬学部教授
　　　　薬学博士

松林　哲夫（まつばやし　てつお）
1944 年　山口県に生まれる
1970 年　立教大学大学院修了
現　在　昭和薬科大学教授
　　　　理学修士

瀧澤　毅（たきざわ　つよし）
1941 年　満洲に生まれる
1972 年　東北大学大学院修了
現　在　千葉科学大学薬学部教授
　　　　理学博士

薬学生のための
生物統計学入門　　　定価はカバーに表示

2009 年 10 月 26 日　初版第 1 刷発行
2018 年 9 月 7 日　　　第 5 刷発行

　　著　者　山村重雄・松林哲夫・瀧澤　毅
　　発　行　株式会社 **テコム** 出版事業本部
　　　　　　〒 169-0073
　　　　　　東京都新宿区百人町 1-22-23 新宿ノモスビル 2F
　　　　　　TEL：03-5330-2441（代）　FAX：03-5389-6452
　　　　　　http://www.tecomgroup.jp/books/

印刷・製本：中央印刷　／　装丁：安孫子正浩
ISBN 978-4-87211-970-1　C3047

小野寺憲治 編集
イラストでみる 疾病の成り立ちと薬物療法
B5判（二色刷） 560p　本体価格 5,600 円＋税

鎌滝哲也・高橋和彦・山崎浩史 編集
医療薬物代謝学
B5判（二色刷） 200p　本体価格 3,000 円＋税

八木達彦 編著
分子から酵素を探す 化合物の事典
B5判　544p　本体価格 12,000 円＋税

細矢治夫 監修　山崎 昶 編著　社団法人 日本化学会 編集
元素の事典
A5判　328p　本体価格 3,800 円＋税

バイオメディカルサイエンス研究会 編集
バイオセーフティの事典─病原微生物とハザード対策の実際─
B5判　370p　本体価格 12,000 円＋税

野村港二 編集
研究者・学生のための テクニカルライティング─事実と技術のつたえ方─
A5判　244p　本体価格 1,800 円＋税

斎藤恭一 著　中村鈴子 絵
卒論・修論を書き上げるための 理系作文の六法全書
四六判　176p　本体価格 1,600 円＋税

斎藤恭一 著　中村鈴子 絵
卒論・修論発表会を乗り切るための 理系プレゼンの五輪書
四六判　184p　本体価格 1,600 円＋税

田村昌三・若倉正英・熊崎美枝子 編集
Q＆Aと事故例でなっとく！　実験室の安全［化学編］
A5判　224p　本体価格 2,500 円＋税

野村港二 著
Q＆Aで理解する 実験室の安全［生物編］
A5判　176p　本体価格 2,200 円＋税

日本分析化学会・液体クロマトグラフィー研究懇談会 編集　中村 洋 企画・監修
液クロ実験 How to マニュアル
B5判　242p　本体価格 3,200 円＋税

日本分析化学会・有機微量分析研究懇談会 編集　内山一美・前橋良夫 監修
役にたつ 有機微量元素分析
B5判　208p　本体価格 3,200 円＋税

日本分析化学会・フローインジェクション分析研究懇談会 編集
小熊幸一・本水昌二・酒井忠雄 監修
役にたつ フローインジェクション分析
B5判　192p　本体価格 3,200 円＋税

（社）日本分析化学会・イオンクロマトグラフィー研究懇談会 編集　田中一彦 編集委員長
役にたつ イオンクロマト分析
B5判　240p　本体価格 3,400 円＋税

2018.8.　　　　　　　　　　　　　　　　　　　発行 テコム出版事業本部